JN281500

近代数学講座 9

確率論

魚返 正 著

朝倉書店

小松　勇作
　編　集

まえがき

　本書は，確率過程の全般にわたって，その基本的事柄を解説したものである．朝倉数学講座の「確率と統計」の続編としては，高度に数学的な（測度論的に厳密な）確率過程論を書くことも考えたが，これについては立派な著書もあり，また筆者の出る幕でもないと思ったので，ここでは，数学以外の学生諸君のことも考えに入れて，確率分布を主体にし，標本関数自体の性質にはほとんどふれないことにした．このような著書はわが国では比較的少ないので，この本もまんざら無意味ではないと考えた次第である．

　もともと，確率変数は確率空間 $\{\Omega, \mathfrak{A}, P\}$ から測度空間 $\{R, \mathfrak{B}\}$ への可測な写像のことであり，また確率過程 $\{X(t), t \in T\}$ は t をパラメーターとする確率変数の系のことである．したがって $X(t)$ は実は (t, ω) $(t \in T, \omega \in \Omega)$ の関数であるから $X(t, \omega)$ と書くべきものである．ここで t を固定すると，ω の関数として確率変数，ω を固定すると t の関数として標本関数（実現または道）である．本書では，確率変数の取る値が実数（時に複素数）の時のみを考えるので，$X(t_1, \omega), X(t_2, \omega), \cdots, X(t_n, \omega)$ によって，n 次元ユークリッド空間に確率が導入される．したがって，根元事象 ω（または標本関数）を余り表面に出さないことにした（第6章 §16 を除く）．このため確率論的には「確率と統計」より程度は低いと考えてよい．ただ解析的な面では少し難しくなったかも知れない．

　また，高次元 $X(t) = (X_1(t), X_2(t), \cdots, X_n(t))$ への拡張は省略することにした．

　解説は統一的な方法によることなく，いろいろのやり方を示すことにした．本文で示すことの出来なかった部分の解説や証明などは，続編の演習の方で取りあげることにした．

　なお，確率過程の分類については，時間パラメーター T および $X(t)$ の取る値にそれぞれ離散的と連続的とあるので，計四つの組合わせがある．第2章マルコフ連鎖というのは T も X も離散的の場合であるが，T だけが離散的のと

き，マルコフ連鎖ということもある．

　また第7章§18の弱定常過程において，平均値 $E(X(t))$ については何も仮定していないことに注意していただきたい（普通，$E(X(t))=0$ を仮定する）．

　著者は生来のあわて者なので，とんでもない勘違いをしていないか心配であるが，読者諸氏の叱正を切にお願いする次第である．

　1968 年 10 月

著者しるす

目　　次

第1章　確率過程の概念 …………………………………………… 1
　§ 1.　確率変数と分布関数 ……………………………………… 1
　§ 2.　確率過程 …………………………………………………… 8
　§ 3.　確率過程の分類 …………………………………………… 13
　　　　問　題　1 ………………………………………………… 15

第2章　マルコフ連鎖 ……………………………………………… 18
　§ 4.　定　　義 …………………………………………………… 18
　§ 5.　状態の分類 ………………………………………………… 24
　§ 6.　マルコフ連鎖の極限定理 ………………………………… 38
　§ 7.　定常分布と吸収の確率 …………………………………… 44
　§ 8.　マルコフ連鎖の再帰性 …………………………………… 53
　　　　問　題　2 ………………………………………………… 65

第3章　独立な確率変数の和 ……………………………………… 70
　§ 9.　マルコフ連鎖としての独立な確率変数の和 …………… 70
　§10.　離散的分枝過程 …………………………………………… 80
　　　　問　題　3 ………………………………………………… 89

第4章　不連続なマルコフ過程 …………………………………… 92
　§11.　コルモゴロフの微分方程式 ……………………………… 92
　§12.　種々の例とその性質 ……………………………………… 103
　　　　問　題　4 ………………………………………………… 117

第5章　再生理論 …………………………………………………… 120
　§13.　再生関数 …………………………………………………… 120

§14. 再帰事象·· 135
　　　問題 5··· 142

第6章　連続マルコフ過程·································· 145
§15. コルモゴロフの方程式···································· 145
§16. 最小通過時間··· 152
　　　問題 6··· 158

第7章　定常過程··· 160
§17. 共分散関数··· 160
§18. 定常過程··· 166
§19. 例··· 173
§20. 正規過程··· 180
　　　問題 7··· 190

問題の答·· 192
参考書··· 195
索　引··· 197

第1章 確率過程の概念

§1. 確率変数と分布関数

本節では，後で用いる初等確率論の基礎的事項を説明しておこう．

確率変数 X（実数値）について，

$$\sum_i \Pr\{X=x_i\} = 1, \quad \Pr\{X=x_i\} > 0, \quad i=1,2,\cdots$$

なる有限または可算無限個の値 $\{x_i\}$ が存在するとき，X は**離散的**であるという．

すべての実数値 x に対して，$\Pr\{X=x\}=0$ のとき，X は連続であるという．特に X の分布関数 $F(x)$ すなわち $F(x) = \Pr\{X \leq x\}$ が $-\infty < x < \infty$ で定義された非負な関数 $f(x)$ によって

$$F(x) = \int_{-\infty}^{x} f(\xi) d\xi$$

と表わされるとき，$f(x)$ を X の**確率密度**という．X が確率密度をもてば，連続である．しかし確率密度をもたない連続な確率変数がある．

X が離散的のとき，X の m 次の積率は，

$$E[X^m] = \sum_i x_i^m \Pr\{X=x_i\}$$

で与えられる．ただし，右辺の級数は絶対収束するものとする．

X が確率密度 $f(x)$ をもつとき，X の m 次の積率は，

$$E[X^m] = \int_{-\infty}^{\infty} x^m f(x) dx$$

で与えられる．ただし，右辺の積分は絶対収束するものとする．

1次の積率 $E[X]$ を X の**平均値**といい，μ_X で表わす．

$X-\mu_X$ の m 次の積率を X の m 次の**中心積率**という．1次の中心積率は0である．2次の中心積率を X の**分散**といい，$V(X)$ または σ_X^2 で表わす．

$\Pr\{X \geq \tilde{\mu}\} \geq 1/2$, $\Pr\{x \leq \tilde{\mu}\} \geq 1/2$ を満たす $\tilde{\mu}$ を X の中央値という．中央値は唯一つとは限らぬ．

1.1. 結合分布

二つの確率変数 X, Y があるとき,

$$F(x, y) = F_{X,Y}(x, y) = \Pr\{X \leq x, Y \leq y\}$$

を X, Y の**結合分布関数**という.

$F(x, +\infty) = \lim_{y \to \infty} F(x, y)$ は X の分布関数で, これを X の**周辺分布関数**という. 同様に $F(+\infty, y)$ を Y の周辺分布関数という. 特にすべての実数 x, y について,

$$F(x, y) = F(x, +\infty) F(+\infty, y)$$

が成り立つとき, X と Y は**独立**であるという.

$$F_{X,Y}(x, y) = \int_{-\infty}^{y} \int_{-\infty}^{x} f_{X,Y}(\xi, \eta) \, d\xi d\eta, \quad f_{X,Y}(\xi, \eta) \geq 0$$

のとき, $F_{X,Y}$ は**確率密度** $f_{X,Y}$ をもつという. このとき X, Y が独立ならば,

$$f_{X,Y}(x, y) = f_X(x) f_Y(y).$$

ここで $f_X(x), f_Y(y)$ はそれぞれ X, Y の確率密度である.

有限個の確率変数 $X_1, X_2, \cdots, X_n$ の結合分布関数は,

$$F(x_1, x_2, \cdots, x_n) = F_{X_1, X_2, \cdots, X_n}(x_1, x_2, \cdots, x_n)$$
$$= \Pr\{X_1 \leq x_1, X_2 \leq x_2, \cdots, X_n \leq x_n\}$$

で与えられ, 分布関数

$$F_{X_{i_1}, \cdots, X_{i_k}}(x_{i_1}, \cdots, x_{i_k}) = \lim_{\substack{x_i \to \infty \\ i \neq i_1, \cdots, i_k}} F(x_1, x_2, \cdots, x_n)$$

を $X_{i_1}, \cdots, X_{i_k}$ の周辺分布関数という.

すべての実数 $x_1, x_2, \cdots, x_n$ に対して,

$$F(x_1, \cdots, x_n) = F_{X_1}(x_1), \cdots, F_{X_n}(x_n)$$

が成り立つとき, $X_1, X_2, \cdots, X_n$ は独立であるという.

$$F(x_1, \cdots, x_n) = \int_{-\infty}^{x_1} \cdots \int_{-\infty}^{x_n} f(x_1, \cdots, x_n) \, dx_1 \cdots dx_n, \quad f(x_1, \cdots, x_n) \geq 0$$

がすべての実数値 $x_1, \cdots, x_n$ に対して成り立つとき, 分布関数 $F(x_1, \cdots, x_n)$ は確率密度 $f(x_1, \cdots, x_n)$ をもつという.

1.2. 条件付分布

X, Y をそれぞれ可算個の値 $x_1, x_2, x_3, \cdots ; y_1, y_2, y_3, \cdots$ のみをとる確率変数

§1. 確率変数と分布関数

とする.

条件付確率 $\Pr\{X=x_i|Y=y_j\}$ は, $\Pr\{Y=y_j\}>0$ のとき,
$$\Pr\{X=x_i|Y=y_j\} = \frac{\Pr\{X=x_i, Y=y_j\}}{\Pr\{Y=y_j\}},$$
$\Pr\{Y=y_j\}=0$ のときは任意の値である(たとえば 0 とする).

X, Y が確率密度 $f_{X,Y}(x,y)$ をもつとき, **条件付分布関数** $\Pr\{X\leq x|Y=y\}$ は, $f_Y(y)>0$ のときは,
$$\Pr\{X\leq x|Y=y\} = \frac{\int_{-\infty}^{x} f_{X,Y}(t,y)dt}{f_Y(y)},$$
$f_Y(y)=0$ のときは任意である. ここで $f_Y(y)$ は Y の確率密度である.

$f_Y(y)>0$ のときは $\lim_{x\to\infty}\Pr\{X\leq x|Y=y\}=1$, したがって, $F(x|y)=\Pr\{X\leq x|Y=y\}$ は x に関して分布関数である. また, $f_{X|Y}(x|y)=f_{X,Y}(x,y)/f_Y(y)$ は $F(x|y)$ の確率密度で, これを Y が与えられたときの X の条件付確率密度という.

$Y=y$ のときの X の**条件付平均値** $E[X|Y=y]$ は
$$E[X|Y=y] = \int_{-\infty}^{\infty} x f_{X|Y}(x|y) dx$$
($f_Y(y)\neq 0$ なる y だけを考える).

離散的な場合も同様であって,
$$E[X|Y=y] = \sum_i x_i \Pr\{X=x_i|Y=y\}$$
(y は $y_1, y_2, \cdots$ のいずれかとする).

y で $E[X|Y=y]$ なる値をとる関数はやはり確率変数で, これを Y **が与えられたときの** X **の条件付平均値**といい, $E[X|Y]$ と書く.

条件付平均値について, つぎのことが成り立つ.
$$E[E[X|Y]] = E[X].$$

1.3. 特性関数

分布関数 $F(x)$ に対して, これのフーリエ・スチールチェス変換
$$\varphi(t) = \int_{-\infty}^{\infty} e^{itx} dF(x) \quad (-\infty < t < \infty)$$
を $F(x)$ の**特性関数**という.

$F(x)$ が密度 $f(x)$ をもつときは,
$$\varphi(t) = \int_{-\infty}^{\infty} e^{itx} f(x)\, dx.$$
$F(x)$ が離散的確率変数の分布関数のときは,
$$\varphi(t) = \sum_{k=1}^{\infty} e^{itx_k} \Pr[X=x_k]$$
$\left(\text{ただし}\ \sum_{k=1}^{\infty} \Pr[X=x_k]=1\right).$

特性関数についてはつぎのことが成り立つ.

（1） 独立な確率変数 $\{X_1, X_2, \cdots, X_n\}$ の和 $X_1+X_2+\cdots+X_n$ の特性関数は各々の確率変数の特性関数の積である.

（2） 特性関数と分布関数は1対1に対応する.

（3） 分布関数列 $\{F_n(x)\}$ が分布関数 $F(x)$ に $F(x)$ の連続点で収束するならば,
$$\lim_{n\to\infty} \varphi_n(t) = \lim_{n\to\infty} \int_{-\infty}^{\infty} e^{itx} dF_n(x) = \int_{-\infty}^{\infty} e^{itx} dF(x) = \varphi(t).$$
収束は任意の有限区間で一様である.

逆に分布関数 $F_n(x)$ の特性関数 $\varphi_n(t)$ が $n\to\infty$ のとき, すべての実数 t で収束し, その極限関数 $\varphi(t)$ が $t=0$ で連続ならば, $\varphi(t)$ は分布関数 $F(x)$ の特性関数で, $\{F_n(x)\}$ は $F(x)$ の連続点で $F(x)$ に収束する.

1.4. 母関数

負でない整数値のみをとる確率変数に対しては, 特性関数の代りに母関数を用いることがある.

$p_k = \Pr\{X=k\},\ \sum_{k=0}^{\infty} p_k = 1$ のとき, s の冪級数
$$M_X(s) = \sum_{k=0}^{\infty} p_k s^k$$
を X の母関数という. $M_X(s)$ は少なくとも $|s|\leq 1$ で連続で, $|s|<1$ で正則である. また特性関数と同じように独立な負でない整数値のみをとる確率変数の和の母関数は, 各々の母関数の積である.

負でない実数値のみをとる確率変数 X に対しては, 特性関数の代りに, そ

の分布関数のラプラスの変換

$$L_X(s) = \int_0^\infty e^{-sx} dF(x)$$

を考える方が便利である．ここで $s=\sigma+it$ （t は実数，$\sigma \geqq 0$）．

$s=it$ のとき $L(s)$ は特性関数 $\varphi(-t)$ となる．

$F(x)$ が確率密度 $f(x)$ をもつときは，

$$L_X(s) = \int_0^\infty e^{-sx} f(x) dx,$$

離散的の場合は，

$$L_X(s) = \sum_{n=0}^\infty e^{-s\lambda_n} \Pr\{X=\lambda_n\} \quad \left(\sum_{n=0}^\infty \Pr\{X=\lambda_n\} = 1\right)$$

となる．

特性関数と同様に，負でない実数値のみをとる確率変数の和のラプラス変換は各々のラプラス変換の積である．

またラプラス変換により分布関数は一意に定まる．

なお，s の代りに $-\theta$ としたものを積率母関数という：$\int_0^\infty e^{\theta x} dF(x)$．

1.5. 分布関数の例

2項分布

$$0 \leqq p \leqq 1, \quad q=1-p; \quad \Pr\{X=x\} = \binom{n}{x} p^x q^{n-x}, \quad x=0,1,2,\cdots n.$$

$$E(X) = np, \quad V(X) = npq, \quad M(s) = (ps+q)^n.$$

ポアッソン分布

$$\lambda > 0, \quad \Pr\{X=x\} = e^{-\lambda} \frac{\lambda^x}{x!}, \quad x=0,1,2,\cdots.$$

$$E(X) = \lambda, \quad V(X) = \lambda, \quad M_X(s) = e^{-\lambda+\lambda s}.$$

パスカル分布（負の2項分布）

$$\alpha > 0, \quad 0 < p < 1, \quad q=1-p; \quad \Pr\{X=x\} = \binom{\alpha+x-1}{x} p^\alpha q^x,$$

$x=0,1,2,\cdots.$

$$E(X) = \frac{\alpha q}{p}, \quad V(X) = \frac{\alpha q}{p^2}, \quad M_X(s) = \left(\frac{p}{1-qs}\right)^\alpha, \quad \left(|s| < \frac{1}{q}\right).$$

特に $\alpha=1$ のときは幾何分布という．

正規分布

$$-\infty < m < \infty, \quad \sigma > 0; \quad f_X(x) = \frac{1}{\sqrt{2\pi}\,\sigma} \exp\left\{-\frac{(x-m)^2}{2\sigma^2}\right\},$$

$$E(X) = m, \quad V(X) = \sigma^2; \quad \varphi(t) = \exp\left\{-\frac{\sigma^2 t^2}{2} + imt\right\}.$$

ガンマ分布

$$\lambda > 0, \quad \alpha > 0; \quad f_X(x) = \begin{cases} \dfrac{\lambda}{\Gamma(\alpha)} (\lambda x)^{\alpha-1} e^{-\lambda x} & (x > 0), \\ 0 & (x \leq 0), \end{cases}$$

$$E(X) = \frac{\alpha}{\lambda}, \quad V(X) = \frac{\alpha}{\lambda^2}, \quad \varphi(t) = \frac{\lambda^\alpha}{(\lambda - it)^\alpha}.$$

特に $\alpha=1$ のとき，指数分布という．

多次元正規分布

$A = \|a_{i,j}\|$ $(i, j = 1, 2, \cdots, n)$ を $n \times n$ 型の対称正値行列とし，$B = \|b_{i,j}\|$ を A の逆行列 $(B = A^{-1})$ とする．また $m_1, m_2, \cdots, m_n$ を任意の実数とするとき，確率密度が，

$$f(x_1, x_2, \cdots, x_n) = \frac{|B|^{1/2}}{(2\pi)^{n/2}} \exp\left[-\frac{1}{2} \sum_{i,j} b_{i,j} (x_i - m_i)(x_j - m_j)\right]$$

で与えられるものを n 次元正規分布という．ここで $|B|$ は行列 B の行列式を表わす．

$$E(X_i) = m_i, \quad V(X_i) = a_{i,i}, \quad E(X_i X_j) - m_i m_j = a_{i,j}.$$

行列 $\|a_{i,j}\|$ を共分散行列という．

多項分布

$$p_j \geq 0 \quad (j = 1, 2, \cdots, k), \quad \sum_{j=1}^{k} p_j = 1,$$

$$\Pr\{X_1 = x_1, X_2 = x_2, \cdots, X_k = x_k\} = \frac{n!}{x_1! x_2! \cdots x_k!} p_1^{x_1} p_2^{x_2} \cdots p_k^{x_k},$$

$$x_j = 0, 1, 2, \cdots, n, \quad \sum_{j=1}^{k} x_j = n.$$

1.6. 極限定理

確率論の多くの結果は極限の形で述べられている．

§1. 確率変数と分布関数

つぎに，強い条件の下で極限定理をあげておく．

(弱) 大数の法則

確率変数列 $X_1, X_2, X_3, \cdots$ が独立で，平均値 m，分散有限の同じ分布関数をもつとする．このとき任意の $\varepsilon > 0$ に対して，

$$\lim_{n\to\infty} \Pr\left\{\left|\frac{X_1+\cdots+X_n}{n}-m\right|<\varepsilon\right\} = 1.$$

注. 無限個の確率変数が独立というのは，そのうちの任意の有限個の確率変数が独立なことである．

(強) 大数の法則

$\{X_n\}$ は上の条件を満たすものとする．このとき，任意の $\varepsilon>0$, $\delta>0$ に対して，番号 $N=N(\varepsilon,\delta)$ が存在し，すべての $r>0$ に対して，

$$\Pr\left\{\left|\frac{X_1+X_2+\cdots+X_n}{n}-m\right|<\varepsilon, \quad n=N, N+1, \cdots, N+r\right\} \geq 1-\delta$$

が成り立つ．

注. $\{X_n\}$ を一つの確率空間上の可測関数と考えるなら，上の強法則はつぎのように表わせる．

$$\Pr\left\{\lim_{n\to\infty}\frac{X_1+X_2+\cdots+X_n}{n}=m\right\} = 1.$$

中心極限定理

$\{X_n\}$ は上の条件を満たすとするとき，

$$\lim_{n\to\infty} \Pr\left\{a \leq \frac{X_1+\cdots+X_n-nm}{\sqrt{n}\,\sigma} \leq b\right\} = \frac{1}{\sqrt{2\pi}}\int_a^b e^{-x^2/2}dx.$$

ここで σ^2 は X_n の共通の分散を表わす．

ボレル・カンテリの定理

(i) 事象列 $A_1, A_2, \cdots$ について，

$$\sum_{n=1}^{\infty} \Pr(A_n) < \infty \quad \text{ならば} \quad \Pr\left(\bigcap_{m=1}^{\infty}\bigcup_{n=m}^{\infty} A_n\right) = 0.$$

すなわち A_n が無限回起こる確率は 0 である．

(ii) 事象列 $A_1, A_2, \cdots$ が独立のとき，

$$\sum_{n=1}^{\infty} \Pr(A_n) = \infty \quad \text{ならば} \quad \Pr\left(\bigcap_{m=1}^{\infty}\bigcup_{n=m}^{\infty} A_n\right) = 1.$$

すなわち A_n が無限回起こる確率は 1 である．

§2. 確率過程

確率過程は時刻とともに変化する偶然事象の数学的模型で，時刻を表わすパラメター $t \in T$ に依存する確率変数の系 $\{X(t), t \in T\}$ である．パラメターの集合 T は任意の集合でいいが，ここでは，$T = \{0, 1, 2, \cdots\}$, $T = \{0 \leq t < \infty\}$ または $T = \{-\infty < t < \infty\}$ とする．

各 $t \in T$ に対して $X(t)$ の実現値を対応させると，t の関数が得られる．これを確率過程 $\{X(t), t \in T\}$ の**実現**または**標本関数**という．

一つのサイコロを投げ続けるものとし，n 番目に出た目を $X(n)$ で表わすことにすると，この確率過程 $\{X(n)\}$ の標本関数は $\{1, 2, 3, 4, 5, 6\}$ のなかからどれか一つをとって作った数列である．

さて確率過程は無限個の確率変数を問題にするのであるから，有限個の場合と異なる困難さが出てくる．そこで，

任意の $t_1, t_2, \cdots, t_n \in T$ ($n = 1, 2, \cdots$) に対して，$X(t_1), X(t_2), \cdots, X(t_n)$ の結合分布

$$F_{t_1, t_2, \cdots, t_n}(x_1, x_2, \cdots, x_n) = \Pr\{X(t_1) \leq x_1, X(t_2) \leq x_2, \cdots, X(t_n) \leq x_n\}$$

が与えられたとき，確率過程 $\{X(t), t \in T\}$ は定められたものとする．ただし，上の結合分布はつぎの二つの条件を満たすものとする．

 (a) 対称性：$(j_1, j_2, \cdots, j_n)$ を $(1, 2, \cdots, n)$ の任意の順列とするとき，

$$F_{t_{j_1}, t_{j_2} \cdots t_{j_n}}(x_{j_1}, x_{j_2}, \cdots, x_{j_n}) = F_{t_1, t_2, \cdots, t_n}(x_1, x_2, \cdots, x_n).$$

 (b) 両立条件：

$$F_{t_1, t_2, \cdots, t_m, t_{m+1} \cdots t_n}(x_1, x_2, \cdots, x_m, \infty, \cdots, \infty) = F_{t_1, t_2, \cdots, t_m}(x_1, x_2, \cdots, x_m).$$

注． (a), (b) を満たす分布関数の系が与えられたとき，つぎのような確率空間 $(\Omega, \mathfrak{B}, P)$ と Ω 上の確率変数系 $X(t, \omega)$ が存在する．
$P(X(t_1, \omega) \leq x_1, \cdots, X(t_n, \omega) \leq x_n) = F_{t_1, \cdots, t_n}(x_1, x_2, \cdots, x_n)$ (コルモゴロフの拡張定理).

例 1． ウィーナー過程(ウィーナーのブラウン運動).

つぎの性質をもつ確率過程をウィーナー過程という．

 (a) $0 \leq t_0 < t_1 < \cdots < t_n$ なる任意の $\{t_k\}$ に対して，

$$X(t_1) - X(t_0), X(t_2) - X(t_2), \cdots, X(t_n) - X(t_{n-1})$$

は独立である．

(b) $\Pr\{X(t)-X(s)\leq x\} = [2\pi B(t-s)]^{-1/2}\int_{-\infty}^{x}\exp\{-u^2/2B(t-s)\}du$

$(t>s, B>0)$.

(c) $X(0) \equiv 0$.

ウィーナー過程についてはつぎのことが成り立つ.

$$EX(t) = 0, \quad \sigma^2(X(t)) = Bt.$$

$0 < t_1 < t_2 < \cdots < t_n < t$ について, $X(t_1), X(t_2), \cdots, X(t_n)$ が与えられたときの $X(t)$ の条件付分布関数は,

$$\Pr\{X(t) \leq x | X(t_1) = x_1, \cdots, X(t_n) = x_n\}$$
$$= [2\pi B(t-t_n)]^{-1/2}\int_{-\infty}^{x}\exp\left\{-\frac{(u-x_n)^2}{2B(t-t_n)}\right\}du$$

である.

ウィーナー過程は植物学者 R. ブラウンによって観測された液体のなかの微粒子のたえまない不規則運動(ブラウン運動)の数学的モデルである. アインスタイン・スモルコフスキーは, ブラウン運動の観測値(Bの測定)から, アボガドロ・ナンバー決定を可能にする公式をみちびいた. ここで正規分布が出てくるのは変位 $X(t)-X(s)$ は非常に多くの微小な変位の和として, 中心極限定理がその基礎になっているからである.

この確率過程は現代確率論の理論および応用において基本的な役割をしている.

例 2. ポアッソン過程

つぎの性質をもつ確率過程をポアッソン過程という.

(a) $0 \leq t_0 < t_1 < \cdots < t_n$ なる任意の $\{t_k\}$ に対して,

$$X(t_1) - X(t_0), X(t_2) - X(t_1), \cdots, X(t_n) - X(t_{n-1})$$

は独立である.

(b) $\Pr\{X(t) - X(s) = k\} = e^{-\lambda(t-s)}\dfrac{\{\lambda(t-s)\}^k}{k!}$ $(t>s)$, $(\lambda>0)$,

$(k = 0, 1, 2, \cdots)$.

(c) $X(0) \equiv 0$.

明らかに $E(X(t)) = \lambda t$, $\sigma^2(X(t)) = \lambda t$.

いま $N(t)$ をもって，時間区間 $(0,t]$ にある特定の事象の起こった回数を表わすものとする．同時に2回以上は起こらないことにすると，$N(t)$ のグラフは，高さ1の飛躍のみで増加する階段関数である．

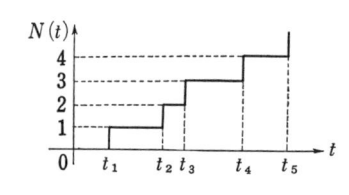

ここで t_j $(j=1,2,\cdots)$ は確率変数である．

標本関数が上のようになる具体的な例としては，つぎのようなものがある．

(1) 放射性物質の放射する α 粒子の数，(2) 電話の呼の数，(3) 交叉点における事故の数，(4) タイプでの誤字の数，(5) 機械の故障の数，(6) サービスに到着した客の数．

これらにおいて，ポアッソン分布があらわれるのは，いわゆるポアッソンの小数の法則がその基礎である．すなわち，N 回のベルヌーイ試行で成功の数の平均値 $Np=\lambda$ を一定にして $N\to\infty$ とすれば，成功の数の分布は平均値 λ のポアッソン分布に近づく．

ここで，いくつかの基本的な仮定からポアッソン過程を導いてみよう（簡単のため余分の仮定を入れておく）．

確率過程 $\{X(t), t\in[0,\infty)\}$ において，$X(0)\equiv 0$，で $X(t)-X(s)$ $(t>s)$ は $0,1,2,\cdots$ のみをとるものとし，次のことが成り立つとする．

[I] $X(t)-X(s)$ の分布は $t-s$ のみで定まる $(t>s)$．

[II] 任意の $0\leq t_0<t_1<\cdots<t_n$ に対して，
$$X(t_1)-X(t_0), X(t_2)-X(t_1), \cdots, X(t_n)-X(t_{n-1})$$
は独立である．

[III] $\Pr\{X(h)\geq 2\}=o(h)$, $h\to 0$

($f(t)=o(t)$ $t\to 0$ は $f(t)/t\to 0$ $(t\to 0)$ のことを示す)．

[IV] $\Pr\{X(h)\geq 1\}=\lambda h+o(h)$, $h\to 0$．

注．条件 [I] は不当な仮定のようである．たとえば電話の呼の問題では昼間のいそがしいときと夜半では時間的に一様ではない．しかしながら，電話の問題では昼間のいそがしい時間だけを問題にする．その間は過程は [I] を満たしていると考えてよい．

注．条件 [III] は同時に2つ以上は起こらないということにほぼ同じである．

さて，$P_k(t)=\Pr\{X(t)=k\}$ $(k=0,1,2,\cdots)$ とおくと，条件 [II] を用

いて, $h>0$ のとき,

$$P_0(t+h) = \Pr\{X(t+h)=0\} = \Pr\{X(t)+X(t+h)-X(t)=0\}$$
$$= \Pr\{X(t)=0\}\Pr\{X(t+h)-X(t)=0\}$$
$$= P_0(t)[1-\Pr\{X(t+h)-X(t)\geq 1\}].$$

よって, 条件 [I], [IV] から

$$\frac{P_0(t+h)-P_0(t)}{h} = -P_0(t)\frac{\Pr\{X(h)\geq 1\}}{h} = -P_0(t)\lambda + \frac{o(h)}{h}.$$

$h\to 0$ とすれば,

$$P_0'(t) = -\lambda P_0(t)^{1)}. \qquad \therefore \quad P_0(t) = ce^{-\lambda t}.$$

$P_0(0)=1$ であるから $P_0(t)=e^{-\lambda t}$.

$P_0(t)$ の場合と同様に ([I], [II] を用いる),

$$P_k(t+h) = \Pr\{X(t+h)=k\}$$
$$= \Pr\{X(t)=k, X(t+h)-X(t)=0\}$$
$$+ \Pr\{X(t)=k-1, X(t+h)-X(t)=1\}$$
$$+ \sum_{j=2}^{k}\Pr\{X(t)=k-j, X(t+h)-X(t)=j\}$$
$$= P_k(t)P_0(h) + P_{k-1}(t)P_1(h) + \sum_{j=2}^{k}P_{k-j}(t)P_j(h).$$

両辺から $P_k(t)$ を引いて,

(2.1) $\quad P_k(t+h)-P_k(t) = -(1-P_0(h))P_k(t) + P_{k-1}(t)P_1(h)$
$$+ \sum_{j=2}^{k}P_{k-j}(t)P_j(h).$$

さて,

$$1-P_0(h) = \lambda h + o(h).$$

$P_1(h) = \Pr\{X(h)\geq 1\} - \Pr\{X(h)\geq 2\} = \lambda h + o(h)$ ([III] を用いる),

$\sum_{j=2}^{k}P_{k-j}(t)P_j(h) \leq \sum_{j=2}^{k}P_j(h) = \Pr\{X(h)\geq 2\} = o(h)$ ([III] から).

---

1) ここでは右方微分係数のみ考えたが, 同様にして左方微分係数についても $P_0'(t)=-\lambda P_0(t)$ が導ける. なおここでは [I], [II], [IV] を用いたが $0<P_0(t)<1$ $(t>0)$ の仮定の下では [I], [II] のみから $P_0(t)=e^{-\lambda t}$ が導かれる(待ち合わせ理論入門: ア・ヤ・ヒンチン, 森村英典訳).

これらを (2.1) に代入すると,
$$P_k(t+h)-P_k(t)=-\lambda h P_k(t)+\lambda h P_{k-1}(t)+o(h).$$
よって,
$$\frac{P_k(t+h)-P_k(t)}{h} \to -\lambda P_k(t)+\lambda P_{k-1}(t) \qquad (h\to 0).$$
すなわち,

(2.2) $\qquad P_k'(t)=-\lambda P_k(t)+\lambda P_{k-1}(t) \qquad (k=1,2,\cdots).$

この連立微分方程式を解くために,
$$Q_k(t)=e^{\lambda t}P_k(t)$$
とおいて (2.2) に代入すると,

(2.3) $\qquad Q_k'(t)=\lambda Q_{k-1}(t) \qquad (k=1,2,\cdots),$
$$P_0(0)=1, \qquad P_k(0)=0 \qquad (k=1,2,\cdots)$$
だから,
$$Q_0(t)=1, \qquad Q_k(0)=0 \qquad (k=1,2,\cdots).$$
これを用いて (2.3) を順次積分することにより,
$$Q_k(t)=\frac{(\lambda t)^k}{k!}.$$
よって,
$$P_k(0)=e^{-\lambda t}\frac{(\lambda t)^k}{k!} \qquad (k=0,1,2,\cdots).$$
また [I] から,
$$\Pr\{X(t)-X(s)=k\}=\Pr\{X(t-s)=k\}=e^{-\lambda(t-s)}\frac{\{\lambda(t-s)\}^k}{k!}.$$

ポアッソン過程は時間的パラメターを空間的パラメターで置きかえた形で考えることもある. ユークリッド空間におけるある種の領域 R の各々に確率変数 $X(R)$ が対応し, これらは $0,1,2,\cdots$ のみをとるものとする. $\{X(R)\}$ がつぎの条件を満たすとき, 空間的ポアッソン過程という.

(a) $R_1, R_2, \cdots, R_n$ を重なり合わない領域とするとき,
$$X(R_1), X(R_2), \cdots, X(R_n)$$
は独立で,
$$X(R_1 \smile R_2 \smile \cdots \smile R_n)=X(R_1)+X(R_2)+\cdots+X(R_n).$$

（b） R の体積 $V(R)$ が有限のとき $X(R)$ の分布は平均値 $\lambda V(R)$ $(\lambda>0)$ のポアッソン分布に従う．

このような過程の例としては，空間での星の分布，動物，植物の分布，スライド上のバクテリアの分布等がある．

§3. 確率過程の分類

確率過程は（1）パラメーターの集合 T, （2）状態空間すなわち $X(t)$ のとる値の空間，（3）各 $X(t)$ の従属関係，などによって分類される．

1. パラメーターの集合 T

$T=\{0,1,2,\cdots\}$ のとき $\{X(t)\}$ を離散パラメーターの確率過程といい，$X(t)$ の代りに $X(n)$ が用いられる．$T=[0,\infty)$ のとき $\{X(t)\}$ は連続パラメーターの確率過程という．

2. 状態空間

$X(t)$ のとる値の空間が $\{0,1,2,\cdots\}$, $\{0,\pm 1,\pm 2,\cdots\}$ のとき整数値確率過程または離散的確率過程という．

$S=(-\infty,\infty)$ のとき実数値確率過程，S が k 次元ユークリッド空間のとき k 次元ベクトル値確率過程という．

3. 確率過程の分類上，最も重要なものは $X(t)$ 間の従属関係である．これは任意の有限個の $X(t_1), X(t_2), \cdots, X(t_n)$ の結合分布を与えることにより定まる．以下重要な確率過程の例を挙げておこう．

（i） 加法過程（独立増分をもつ過程）

任意の $t_1<t_2<\cdots<t_n$ に対して，
$$X(t_2)-X(t_1), X(t_3)-X(t_2), \cdots, X(t_n)-X(t_{n-1})$$
が独立のとき，$\{X(t)\}$ は**加法過程**という．

T が最小のパラメーター t_0 を含むときは，
$$X(t_0), X(t_1)-X(t_0), \cdots, X(t_n)-X(t_{n-1})$$
の独立性を仮定する．

$T=\{0,1,2,\cdots\}$ のときは，
$$Z_0=X(0), \qquad Z_k=X(k)-X(k-1) \quad (k=1,2,\cdots)$$

とおくことにより，
$$X(n) = Z_0 + Z_1 + \cdots + Z_n.$$
すなわち独立な確率変数の和となる．

(ii) マルチンゲール

$\{X(t)\}$ を $E\{|X(t)|\} < \infty$ なる実数値確率過程とする．任意の $t_1 < t_2 < \cdots < t_n < t$ と，任意の $a_1, a_2, \cdots, a_n$ に対して，

(3.1) $\quad\quad E(X(t)|X(t_1) = a_1, \cdots, X(t_n) = a_n) = a_n$

が成り立つとき，$\{X(t)\}$ はマルチンゲールであるという．

$\{Z_n\}$ が $E(Z_n) = 0$ なる独立な確率変数列とするとき，$X(n) = Z_1 + Z_2 + \cdots + Z_n$ とおけば，$\{X(n)\}$ は離散パラメターのマルチンゲールである．また $\{X_t ; 0 \leq t < \infty\}$ が $E\{X(t) - X(s)\} = 0$ $(t > s)$ なる加法過程なら $\{X(t)\}$ はマルチンゲールである．

(iii) マルコフ過程

任意の $t_1 < t_2 < \cdots < t_n < t$ および任意の $x_1, x_2, \cdots, x_n, x$ に対して，

(3.2) $\quad\quad \Pr\{X(t) \leq x | X(t_1) = x_1, X(t_2) = x_2, \cdots, X(t_n) = x_n\}$
$\quad\quad\quad = \Pr\{X(t) \leq x | X(t_n) = x_n\}$

が成り立つとき $\{X(t), t \in T\}$ をマルコフ過程という．

マルコフ過程は，現在の状態が与えられると，それに過去のデータをつけ加えても，未来の時刻における確率(条件付)は変わらない過程である．

(3.3) $\quad\quad P(s, y; t, x) = \Pr\{X(t) \leq x | X(s) = y\}$ $\quad (s < t)$

を**推移確率**という．

$$(X(t_1), X(t_2), \cdots, X(t_n))$$

の結合分布は，$X(t_1)$ の分布(初期分布)と推移確率で表わすことができる．

推移確率 $P(s, y; t, x)$ が $t - s$ のみによるとき，このマルコフ過程は**時間的に一様**であるという．なおこの場合，定常なマルコフ過程ということもあるが，これは推移確率の定常性であって，つぎに述べる定常過程と混同しないように．

(iv) 定常過程

確率過程 $\{X(t), t \in T\}$ において，任意の $h > 0$ と $t_1 < t_2 < \cdots < t_n$ に対して，

$(X(t_1+h), X(t_2+h), \cdots, X(t_n+h))$ と $(X(t_1), X(t_2), \cdots, X(t_n))$ のそれぞれの結合分布が同じであるとき, $(t_j \in T, t_j+h \in T, j=1, \cdots, n)$ $\{X(t)\}$ は(強)定常過程という.

実数値確率過程 $\{X(t), t \in T\}$ において, すべての $X(t)$ が2次の積率をもち, $X(t)$ と $X(t+h)$ との共分散

(3.4) $\text{Cov}(X(t), X(t+h)) = E(X(t) \cdot X(t+h)) - E(X(t))E(X(t+h))$

が h のみの関数であるとき, $\{X(t)\}$ は(弱)定常過程という.

$X(t)$ が複素数値のときは, $E(X(t))=0$ $(t \in T)$ で,

(3.5) $E(X(t+h)\bar{X}(t))$

が h のみの関数であるとき, $\{X(t)\}$ は(弱)定常過程という.

上の h の関数をともに $\{X(t)\}$ の**相関関数**という.

問題 1

1. 確率変数 X が2項分布, ポアッソン分布またはパスカル分布(負の2項分布)に従うとき, その母関数を求め, それを用いて, それぞれの平均値および分散を求めよ.

2. $X_1, X_2, X_3, \cdots, X_n$ は独立で, 各 X_j は幾何分布
$$\Pr\{X_j = x\} = pq^x \quad (x=0, 1, 2, \cdots)$$
に従うとき, $S_n = \sum_{j=1}^{n} X_j$ の平均値および分散を求めよ.

3. X_1, X_2 は独立で, それぞれ平均値 λ_1, λ_2 のポアッソン分布に従うとき, X_1+X_2 の分布を求めよ. また X_1+X_2 を与えたときの, X_1 の条件付分布を求めよ.

4. 負の2項分布 $f(x;\alpha,p) = \binom{\alpha+x-1}{x}p^\alpha q^x$ $(q=1-p, 0<p<1, x=0,1,2,\cdots)$ において, $\alpha q = \lambda > 0$ を一定となるようにして, $q \to 0$ とするとき,
$$f(x;\alpha,p) \to e^{-\lambda}\frac{\lambda^x}{x!}$$
が成り立つことを示せ.

5. $E\{|X|\} < \infty$ のとき,
$$E\{X\} = \int_0^\infty (1-F(x))dx - \int_{-\infty}^0 F(x)dx$$
が成り立つことを示せ. ここで $F(x)$ は X の分布関数とする.

6. ガンマ分布に従う確率変数の特性関数を求めよ. また, その平均値および分散を求めよ.

7. 確率変数 $X_1, X_2, \cdots, X_n$ が独立で, 各 X_j はパラメータ λ の指数分布に従うとき, $S_n = X_1 + X_2 + \cdots + X_n$ の分布を求めよ.

8. $X \geqq 0$, $E\{X^2\} < \infty$ のとき,X の積率母関数

$$\varphi(\theta) = \int_0^\infty e^{\theta x} dF(x) \qquad (F(x) = \Pr\{X \leqq x\})$$

から,$E\{X\}$, $V\{X\}$ を求める公式を作れ.

9. 確率変数 X に対して,X' を X と独立で,X と同じ分布に従う確率変数とするとき,

$$X^s = X - X'$$

とおけば,X^s の分布は原点に関して対称すなわち,

$$F(-x) = 1 - F(x-0) \qquad (F(x) = \Pr\{X^s \leqq x\})$$

であることを示せ.また X の中央値を $\widetilde{m}$ とすると,

$$\frac{1}{2} \Pr\{X - \widetilde{m} \geqq \varepsilon\} \leqq \Pr\{X^s \geqq \varepsilon\}$$

が成り立つことを示せ $\left(\Pr\{X \geqq \widetilde{m}\} \geqq \frac{1}{2},\ \Pr\{X \leqq \widetilde{m}\} \geqq \frac{1}{2}\right)$.

10. X_1, X_2 の結合分布が正規分布であるとき,X_1, X_2 はそれぞれ正規分布に従うことを示せ.逆は成り立つか.

11. 確率変数 N はポアッソン分布 $\left(\Pr\{N=n\} = e^{-\lambda} \dfrac{\lambda^n}{n!}\right)$ に従い,$N=n$ のときの,X_1, X_2 の条件付分布は,多項分布

$$\Pr\{X_1 = x_1, X_2 = x_2 | N = n\} = \frac{n!}{x_1! x_2! x_3!} p_1^{x_1} p_2^{x_2} p_3^{x_3}$$

であるとき,X_1 と X_2 の結合分布を求めよ.ただし,

$$x_1 + x_2 + x_3 = n, \quad x_j \geqq 0 \quad (j=1, 2, 3).$$

12. $X_1, X_2, \cdots, X_n$ を $m_j = E(X_j) = 0$,$\sigma_j^2 = V(X_j) < \infty$ なる独立な確率変数とし,$S_k = \sum_{j=1}^k X_j$ $(k=1, 2, \cdots, n)$ とおく.

事象 B_k を次のようなものとする.

$$B_k = \{|S_1| < \varepsilon, |S_2| < \varepsilon, \cdots, |S_{k-1}| < \varepsilon, |S_k| \geqq \varepsilon\}.$$

B_k が起こったとき 1,そうでないとき 0 をとる確率変数を Y_k とするとき,次のことが成り立つことを示せ:

(i) $Y_1 + Y_2 + \cdots + Y_n \leqq 1$.

(ii) $E\{S_k^2\} \geqq \varepsilon^2 \Pr\{B_k\}$.

(iii) $\Pr\{\max_{1 \leqq k \leqq n} |S_k| \geqq \varepsilon\} \leqq \dfrac{1}{\varepsilon^2} \sum_{j=1}^n \sigma_j^2$ (コルモゴロフの不等式).

13. 前問の (iii) を用いて p.7 の大数の強法則を証明せよ.

14. $\{X(t)\}$ をウィーナー過程 (p.8) とするとき,$0 < t_1 < t_2 < t_3$ に対して,$X(t_1)$,$X(t_2)$,$X(t_3)$ の結合分布の密度関数を求めよ.また $X(t_1) = x_1$,$X(t_3) = x_3$ のときの $X(t_2)$ の条件付平均値および分散を求めよ.

15. 加法過程 $\{X(t); 0 \leqq t < \infty\}$ が有限な平均値 $E\{X(t)\} = m(t)$ を持つとき,任意の $0 < t_1 < t_2 < \cdots < t_n < t$ に対して

$$E\{X(t)|X(t_1)=x_1,\cdots,X(t_n)=x_n\}=x_n+m(t)-m(t_n)$$
が成り立つことを示せ($X(t)-X(s)$ は確率密度 $p(x;s,t)$ を持つとしてよい).

16. ウィーナー過程はマルチンゲールであることを示せ.

17. $\{X(t);0\leq t<\infty\}$ をパラメター λ のポアッソン過程とし,
$$T=\inf\{t;X(t)=1\} \qquad (X(0)=0)$$
すなわち,初めて飛躍が起こるまでの時間を T とすると,T はパラメター λ の指数分布に従うことを示せ.

18. 確率過程
$$X(t)=A\cos\theta t+B\sin\theta t$$
において,θ は定数 ($\theta\neq 0$) A,B は独立で,平均値 0,分散 1 の正規分布に従うとき,$X(s)$ と $X(t)$ の共分散を求めよ.また,
$$\Pr\left\{\int_0^{2\pi/\theta}(X(t))^2dt>c\right\} \qquad (c\text{ は正の定数})$$
を求めよ.

第2章 マルコフ連鎖

§4. 定 義

離散パラメターをもつマルコフ過程 $\{X(t); t \in T\}$ の状態空間が有限または可算無限個の集合であるとき,これを離散的マルコフ連鎖という.

$T = \{0, 1, 2, \cdots\}$ で状態空間も $\{0, 1, 2, \cdots\}$ とする.

$X(n) = i$ のとき,系は時刻 n で状態にある.または,n 回目の試行の結果は i であるという.

時刻 n で状態 i にあったとき,つぎの時刻 $n+1$ に j にある確率(条件付)を $P_{i,j}(n, n+1)$ で表わす.

(4.1) $\qquad P_{i,j}(n, n+1) = \Pr\{X(n+1) = j | X(n) = i\}$

$P_{i,j}(n, n+1)$ が n に無関係のとき,マルコフ連鎖は定常な推移確率をもつという.以後特にことわらない限り定常な場合だけを考える.

このとき,$P_{i,j}(n, n+1) = P_{i,j}$ とおけば,$P_{i,j}$ はある時刻に状態 i にあったとき,つぎの時刻に状態 j にある確率である.

推移確率(1段階)はつぎのような行列の形に表わすことができる.

$$\boldsymbol{P} = \begin{bmatrix} P_{00} & P_{01} & P_{02} & \cdots \\ P_{10} & P_{11} & P_{12} & \cdots \\ P_{20} & P_{21} & P_{22} & \cdots \\ \cdots & \cdots & \cdots & \cdots \end{bmatrix}.$$

この行列を,マルコフ連鎖の**推移確率行列**という.

明らかに,

(4.2) $\qquad P_{i,j} \geqq 0, \quad i, j = 0, 1, 2, \cdots,$

(4.3) $\qquad \sum_{j=0}^{\infty} P_{i,j} = 1, \quad i = 0, 1, 2, \cdots.$

時刻 m で系が状態 i にあったとき,時刻 $m+n$ で状態 j にある確率

$$\Pr\{X(m+n) = j | X(m) = i\}$$

はマルコフ性を用いて,$\boldsymbol{P} = [P_{i,j}]$ の要素で表わすことができる.

$\Pr\{X(m+n) = j | X(m) = i\}$

§4. 定義

$$= \sum_{(i_1,i_2,\cdots,i_{n-1})} \Pr\{X(m+n)=j, X(m+n-1)=i_{n-1}, \cdots, X(m+1)=i_1 | X(m)=i\}$$

$$= \sum \Pr\{X(m+1)=i_1 | X(m)=i\} \Pr\{X(m+2)=i_2 | X(m)=i, X(m+1)=i_1\} \cdots$$
$$\times \Pr\{X(m+n)=j | X(m)=i, \cdots, X(m+n-1)=i_{n-1}\}$$

$$= \sum \Pr\{X(m+1)=i_1 | X(m)=i\} \Pr\{X(m+2)=i_2 | X(m+1)=i_1\} \cdots$$
$$\times \Pr\{X(m+n)=j | X(m+n-1)=i_{n-1}\}$$

$$= \sum_{(i_1,\cdots,i_{n-1})} P_{i,i_1} P_{i_1,i_2} \cdots P_{i_{n-1},j}$$

すなわち

(4.4) $\quad \Pr\{X(m+n)=j | X(m)=i\} = \sum_{(i_1,\cdots,i_{n-1})} P_{i,i_1} P_{i_1,i_2} \cdots P_{i_{n-1},j}$

が成り立つ．右辺は m に無関係であるから，

(4.5) $\quad\quad\quad \Pr\{X(m+n)=j | X(m)=i\} = P_{i,j}(n)$

とおくことができる．§3 での意味で，この過程は定常（時間的に一様）な推移確率をもつ．

明らかに，

(4.6) $\quad\quad\quad P_{i,j}(n) \geqq 0, \quad \sum_{j=0}^{\infty} P_{i,j}(n) = 1.$

$P_{i,j}(n)$ を i 行 j 列の要素とする行列を $\boldsymbol{P}(n)$ とすれば (4.4) から $\boldsymbol{P}(n)$ は $\boldsymbol{P}^n$ すなわち $\boldsymbol{P}$ の n 乗に等しいことがわかる．たとえば $n=2$ のとき，

$$P_{i,j}(2) = \sum_k P_{i,k} P_{k,j}.$$

したがって $\boldsymbol{P}(2) = \boldsymbol{P} \times \boldsymbol{P} = \boldsymbol{P}^2$．一般の場合も同様である．

行列の恒等式

$$\boldsymbol{P}^{m+n} = \boldsymbol{P}^m \boldsymbol{P}^n$$

をつかうと，

(4.7) $\quad\quad P_{i,j}(m+n) = \sum_k P_{i,k}(m) P_{k,j}(n) \quad\quad (m \geqq 0, n \geqq 0)$

が成り立つ．ただし $P_{i,j}(0) = \delta_{i,j}$ ($\delta_{i,j}$ はクロネカーのデルタ)．(4.7) はチャプマン・コルモゴロフの方程式と呼ばれるものである．

初期分布 $\Pr\{X(0)=i\} = a_i$ と推移確率によりマルコフ連鎖は完全に定まる．まず $X(n)$ の分布（$X(n)$ の絶対確率）はつぎのようになる．

(4.8)
$$a_j(n) = \Pr\{X(n)=j\} = \sum_i \Pr\{X(0)=i\}\Pr\{X(n)=j|X(0)=i\}$$
$$= \sum_i a_i P_{i,j}(n).$$

$X(0), X(n)$ の分布をそれぞれベクトルで表わして,

$$\boldsymbol{a}(0) = \boldsymbol{a} = \begin{bmatrix} a_0 \\ a_1 \\ a_2 \\ \vdots \end{bmatrix}, \quad \boldsymbol{a}(n) = \begin{bmatrix} a_0(n) \\ a_1(n) \\ a_2(n) \\ \vdots \end{bmatrix} \quad (n \geqq 1)$$

とすると,(4.8) は,

(4.9)
$$\boldsymbol{a}(n) = \boldsymbol{a}P^n$$

の形に書ける.

次に $X(n_1), X(n_2), \cdots, X(n_r)$ $(n_1 < n_2 < \cdots < n_r)$ の結合分布を求めてみよう.

$$\Pr\{X(n_1)=i_1, X(n_2)=i_2, \cdots, X(n_r)=i_r\}$$
$$= \sum_i \Pr\{X(0)=i\}\Pr\{X(n_1)=i_1|X(0)=i\}\Pr\{X(n_2)=i_2|X(n_i)=i_1\}\cdots$$
$$\times \Pr\{X(n_r)=i_r|X(n_{r-1})=i_{r-1}\}$$
$$= \left(\sum_i a_i P_{i,i_1}(n_1)\right) P_{i_1,i_2}(n_2-n_1)\cdots P_{i_{r-1},i_r}(n_r-n_{r-1})$$
$$= a_{i_1}(n_1) P_{i_1 i_2}(n_2-n_1)\cdots P_{i_{r-1} i_r}(n_r-n_{r-1})$$

すなわち

(4.10)
$$\Pr\{X(n_1)=i_1, X(n_2)=i_2, \cdots, X(n_r)=i_r\}$$
$$= a_{i_1}(n_1) P_{i_1,i_2}(n_2-n_1)\cdots P_{i_{r-1},i_r}(n_r-n_{r-1})$$

が成り立つ.

マルコフ連鎖の例

1. 同じ分布の独立確率変数の和

$\{Z_n\}$ $(n=0,1,2,\cdots)$ を独立で同じ分布,

$$\Pr(Z_n=j) = p_j \quad (j=0,1,2,\cdots), \quad \sum_{j=0}^{\infty} p_j = 1$$

に従う確率数列とする.

$$X(n) = Z_0 + Z_1 + \cdots + Z_n$$

とおけば $\{X_n\}$ はマルコフ連鎖である.この連鎖の推移確率は,独立性を用いて,

§ 4. 定　　義

$$\Pr\{X(n+1)=j|X(n)=i\} = \Pr\{Z_0+Z_1+\cdots+Z_{n+1}=j|Z_0+\cdots+Z_n=i\}$$

$$= \Pr\{Z_{n+1}=j-i\} = \begin{cases} p_{j-i} & (j \geq i), \\ 0 & (j < i). \end{cases}$$

よって，推移確率行列は，

(4.11)
$$P = \begin{bmatrix} p_0 & p_1 & p_2 & p_3 \cdots \\ 0 & p_0 & p_1 & p_2 \cdots \\ 0 & 0 & p_0 & p_1 \cdots \\ \cdots\cdots\cdots\cdots\cdots \end{bmatrix}.$$

Z_n の状態空間が $\{0, \pm 1, \pm 2, \cdots\}$ のときは，

(4.12)
$$P = \begin{bmatrix} \vdots & \vdots & \vdots & \vdots & \vdots \\ \cdots p_{-1} & p_0 & p_1 & p_2 & p_3 \cdots \\ \cdots p_{-2} & p_{-1} & p_0 & p_1 & p_2 \cdots \\ \cdots p_{-3} & p_{-2} & p_{-1} & p_0 & p_1 \cdots \\ \vdots & \vdots & \vdots & \vdots & \vdots \end{bmatrix}.$$

$$\Pr\{Z_n=j\} = p_j, \quad \sum_{j=-\infty}^{\infty} p_j = 1.$$

2. 1次元ランダム・ウォーク

マルコフ連鎖では，$X(n)$ の値を，直線上を運動する粒子の時刻 n における位置の座標と考えることができる．

1次元ランダム・ウォークというのは，状態空間が整数の，有限または無限集合で，ある時刻に粒子が i にあったとき，つぎの時刻には i に止まるか，またはとなりの $i-1$, $i+1$ に動くマルコフ連鎖のことである．

状態空間が $\{0, 1, 2, \cdots\}$ のときは

$$P_{i,i-1}=q_i, \ P_{i,i}=r_i, \ P_{i,i+1}=p_i \ (i \geq 1); \qquad P_{0,0}=r_0, \ P_{0,1}=p_0$$

とおけば，推移確率行列は，

(4.13)
$$P = \begin{bmatrix} r_0 & p_0 & 0 & 0 & \cdots\cdots\cdots\cdots\cdots\cdots \\ q_1 & r_1 & p_1 & 0 & \cdots\cdots\cdots\cdots\cdots\cdots \\ 0 & q_2 & r_2 & p_2 & \cdots\cdots\cdots\cdots\cdots\cdots \\ & \ddots & \ddots & \ddots & \ddots \\ & & & & \ddots & \ddots & \ddots & \ddots \\ & & & & 0 & q_i & r_i & p_i & 0 \cdots \end{bmatrix}.$$

ここで，
$$p_i > 0, \quad q_i > 0, \quad r_i \geqq 0, \quad q_i + r_i + p_i = 1 \quad (i=1,2,\cdots),$$
$$p_0 \geqq 0, \quad r_0 \geqq 0, \quad p_0 + r_0 = 1.$$

古典的な破産の問題もランダム・ウォークの例である．

A が無限の財産をもつ B と賭をするものとする．A はその所持金が k のときは，確率 p_k で1だけもうけ，確率 $q_k = 1 - p_k$ で1だけ損をするとする．なお $r_0 = 1$，すなわち 0 状態になれば勝負は終りとする．n 回賭をした後の A の所持金を $X(n)$ とすると $\{X(n)\}$ はマルコフ連鎖である．

今度は，B も有限の財産をもつとし，A，B の最初の所持金をそれぞれ x, y ($x+y=a$) とすると，A の所持金を表わすマルコフ連鎖 $X(n)$ の状態空間は $(0,1,2,\cdots,a)$ で，この連鎖の推移確率行列は，

(4.14)
$$P = \begin{bmatrix} 1 & 0 & 0 & 0 & \cdots\cdots\cdots & 0 \\ q_1 & 0 & p_1 & 0 & \cdots\cdots\cdots & 0 \\ 0 & q_2 & 0 & p_2 & \cdots\cdots\cdots & 0 \\ & \ddots & \ddots & \ddots & & \\ & & & q_{a-1} & 0 & p_{a-1} \\ 0 & 0 & \cdots\cdots\cdots & 0 & 0 & 1 \end{bmatrix}.$$

ランダム・ウォークは拡散の理論やブラウン運動の離散的近似として用いられる．たとえば，ブラウン運動の近似としてつぎの制限のないランダム・ウォークが考えられる．

(4.15)
$$P_{i,j} = \begin{cases} p & (j=i+1), \\ p & (j=i-1), \\ r & (j=i), \end{cases} \quad i,j = 0, \pm 1, \pm 2, \cdots,$$
$$p > 0, \quad r \geqq 0, \quad 2p + r = 1.$$

特に $r=0$，$p=1/2$ のとき，対称なランダム・ウォークという．

反射壁，吸収壁

推移確率行列が (4.13) であるランダム・ウォークにおいて

(ⅰ) $r_0 = 0$ ($p_0 = 1$) のとき，状態 0 は反射壁であるという．状態 0 に達す

§4. 定義

ると，つぎの時刻にはかならず状態1にもどる．

（ii）$r_0=1$（$p_0=0$）のとき，状態 0 は吸収壁であるという．一度 0 状態になればいつまでも 0 状態をつづける．

状態空間が有限集合 $\{0,1,2,\cdots,a\}$ のときは，状態 $0, a$ に対して反射壁，吸収壁が考えられる．破産の問題 (4.14) では，$0, a$ ともに吸収壁である．

3. 待ち行列におけるマルコフ連鎖

客がサービスを受けるために窓口にやってきて，待ち行列に並ぶ，1 人でも客があれば，一定の時間 T の間，1 人の客がサービスを受ける．もし誰もいなければ T 時間だけサービスをやすむものとする（つぎのような例を考えるとよい．一定の時間間隔 T で 1 台ずつ客を乗せるためにやってくるタクシー乗場を考える．車が来たとき，客がいなければ，その車は他へ行ってしまう）．

さて，時間間隔 $(nT,(n+1)T]$ に到着した客の数を ξ_n とする．$\{\xi_n\}$（$n=0,1,2,\cdots$）は独立で，同じ分布

$$(4.16) \quad \Pr\{\xi_n=k\}=p_k, \quad \sum_{k=0}^{\infty}p_k=1$$

をもつものとする．

時刻 nT における系の状態を行列のなかで待っている客の数で表わすことにする．nT における状態が i ならば $(n+1)T$ における状態は，

$$(4.17) \quad j=\begin{cases} i-1+\xi_n & (i\geqq 1), \\ \xi_n & (i=0). \end{cases}$$

確率変数の形で書けば，

$$X(n+1)=(X(n)-1)^++\xi_n.$$

ここで $Y^+=\max(Y,0)$．

(4.16) から，

$$P_{0,j}=p_j, \quad P_{i,j}=\Pr(\xi_n=j-i+1)=\begin{cases} p_{j-i+1} & (i\geqq 1,\ j\geqq i-1), \\ 0 & (j<i-1). \end{cases}$$

したがって，推移確率行列は，

$$(4.18) \quad P = \begin{bmatrix} p_0 & p_1 & p_2 & p_3 & p_4 & \cdots \\ p_0 & p_1 & p_2 & p_3 & p_4 & \cdots \\ 0 & p_0 & p_1 & p_2 & p_3 & \cdots \\ 0 & 0 & p_0 & p_1 & p_2 & \cdots \\ & & \cdots\cdots\cdots & & & \end{bmatrix}$$

となる.この推移確率行列は,待ち行列過程(連続パラメター)にはめこまれたマルコフ連鎖のそれと同じである.

4. 分枝過程

1つの粒子は分裂して同じ種類の粒子を生ずるものとする.新しく出来る粒子の個数 ζ は確率分布

$$(4.19) \quad \Pr\{\zeta = k\} = p_k, \quad \sum_{k=0}^{\infty} p_k = 1$$

に従い,新しく出来た各粒子は互いに独立に,確率分布 (4.19) に従って分裂するものとする. n 世代すなわち n 回目の分裂で生じた粒子の総数を $X(n)$ とすると, $\{X(n)\}$ はマルコフ連鎖で,その推移確率は,

$$(4.20) \quad P_{i,j} = \Pr\{X(n+1) = j | X(n) = i\} = \Pr\{\xi_1 + \cdots + \xi_i = j\}.$$

ここで $\{\xi_k\}$ は確率分布 (4.19) に従う独立な確率変数列である. (4.20) から i を固定したとき, $P_{i,j}$ は i 個の独立変数の和の分布である. ξ_k の母関数を $\varphi(s)$ とすると, $\xi_1 + \cdots + \xi_i$ の母関数は $\{\varphi(s)\}^i$, したがって $P_{i,j}$ は $\{\varphi(s)\}^i$ を s の冪級数に展開したときの s^j の係数である.

$$\{\varphi(s)\}^i = \sum_{j=0}^{\infty} P_{i,j} s^j.$$

§5. 状態の分類

5.1. 組分け

ある $n \geq 0$ に対して $P_{i,j}(n) > 0$ のとき,状態 j は状態 i から**到達可能**であるといい, $i \to j$ で表わす.状態 i, j が互いに他から到達可能であるとき, $i \leftrightarrow j$ と書く.このとき関係 $\leftrightarrow$ は同値関係である.すなわち,

 (i) $i \leftrightarrow i$ (反射律),

 (ii) $i \leftrightarrow j$ なら $j \leftrightarrow i$ (対称律),

 (iii) $i \leftrightarrow j, j \leftrightarrow k$ なら $i \leftrightarrow k$ (推移律)

が成り立つ．（i）は $P_{i,i}(0)=\delta_{i,i}=1$ から明らか（このために $P_{i,j}(0)$ を考えることにした）．（ii）は定義から明らか，（iii）については仮定から $P_{i,j}(n)>0$, $P_{j,k}(m)>0$ なる n, m が存在する．

(4.7) と $P_{s,t}(l) \geqq 0$ から

(5.1) $\quad P_{i,k}(n+m) = \sum_{r} P_{i,r}(n) P_{r,k}(m) \geqq P_{i,j}(n) P_{j,k}(m) > 0.$

よって $i \to k$, 同様にして $k \to i$ が示される．$\leftrightarrow$ が同値関係であることから，状態の全体を同値な組に分割することができる．同値な組に含まれる状態はたがいに到達可能である．ただし一つの組のある状態から出発して他の組に正の確率ではいることはありうる．しかしこの場合，再びもとの組にはいることはできない．

組 C から外の状態に到達することがない場合，すなわちすべての $i \in C, j \notin C$ に対して $P_{i,j}(n)=0$ $(n=0,1,2,\cdots)$ のとき．この組は**閉じている**という．このときは

$$\sum_{j \in C} p_{i,j}(n) = 1 \quad (i \in C)$$

であるから，推移確率行列 $\boldsymbol{P}$ の部分行列 $[P_{i,j}]$ $(i, j \in C)$ が確率行列になる．したがって，C のある状態から出発したとすれば，この部分行列だけを考えればよい．

同値な組が唯一つ，すなわち，すべての状態が他の状態と互いに到達可能のとき，この連鎖は**既約**であるという．

なお $P_{i,i}=1$ または $P_{i,i}(n)=0$ $(n=1,2,\cdots)$ なる状態 i はそれ自身で一つの組をつくる．$P_{i,i}=1$ のとき，状態 i は**吸収的**であるという．

いま，つぎのような推移確率行列を考えよう．

$$\boldsymbol{P} = \begin{bmatrix} \frac{1}{2} & \frac{1}{2} & 0 & 0 & 0 \\ \frac{1}{4} & \frac{3}{4} & 0 & 0 & 0 \\ 0 & 0 & 0 & 1 & 0 \\ 0 & 0 & \frac{1}{2} & 0 & \frac{1}{2} \\ 0 & 0 & 0 & 1 & 0 \end{bmatrix} = \begin{bmatrix} \boldsymbol{P}_1 & 0 \\ 0 & \boldsymbol{P}_2 \end{bmatrix}.$$

明らかに二つの組 $\{1,2\}$, $\{3,4,5\}$ に分割できる. 第1の組の状態から出発すれば, 系の状態は常にこの組の中にとどまっている. このときは $P_1 = \begin{bmatrix} 1/2 & 1/2 \\ 1/4 & 3/4 \end{bmatrix}$ だけを考えればよい. 第2の組についても同様である.

ランダム・ウォークでの推移確率行列

$$\begin{array}{c} \\ 0 \\ 1 \\ 2 \\ \vdots \\ a-1 \\ a \end{array} \begin{array}{cccccccc} 0 & 1 & 2 & 3 & \cdots & a-1 & a \\ \begin{bmatrix} 1 & 0 & 0 & 0 & \cdots 0 & 0 & 0 \\ q & 0 & p & 0 & \cdots 0 & 0 & 0 \\ 0 & q & 0 & p & \cdots 0 & 0 & 0 \\ \vdots & & & & & \vdots & \vdots \\ 0 & & & & q & 0 & p \\ 0 & & & & 0 & 0 & 1 \end{bmatrix} \end{array} \quad (p>0,\ q>0,\ p+q=1)$$

では三つの組 $\{0\}$ $\{1,2,3,\cdots,a-1\}$ $\{a\}$ に分けられる. 第2の組 $\{1,2,\cdots,a-1\}$ から第1または第3の組に到達可能であるが, しかしもとの組にもどることはできない.

§4の例3 (待ち行列でのマルコフ連鎖) は, すべての k に対して $p_k>0$ ならば既約である.

5.2. 再帰性と一時性

マルコフ連鎖においては, 最初の到達時刻を考えることにより, 種々の重要な関係式が得られる.

$n \geqq 1$ に対して,

(5.2) $\quad f_{i,j}(n) = \Pr\{X(n)=j,\ X(v) \neq j, v=1,2,\cdots,(n-1) | X(0)=i\}$

とおく. $f_{i,j}(n)$ は i から出発して, n 時間後に初めて状態 j に達する確率である. なお $f_{i,j}(0)=0$ と定めておく.

明らかに,

(5.3) $\qquad\qquad\qquad f_{i,j}(1) = P_{i,j}.$

$f_{i,j}(n)$ と $P_{i,j}(n)$ の間にはつぎの基本的な関係式が成り立つ.

(5.4) $\qquad\quad \boldsymbol{P_{i,j}(n) = \sum_{k=0}^{n} f_{i,j}(k) P_{j,j}(n-k)} \qquad (n \geqq 1).$

(5.4) を証明するには, 状態 i を出発して, n 時間後に状態 j に達する事象を, 初めて状態 j に達する時刻をもとにして, 排反事象に分割すればよい. すなわち,

§5. 状態の分類

$$P_{i,j}(n) = \Pr\{X(n) = j | X(0) = i\}$$
$$= \sum_{k=1}^{n} \Pr\{X(n) = j, X(v) \neq j \ v=1, 2, \cdots, k-1, X(k) = j | X(0) = i\},$$

$$\Pr\{X(n) = j, X(k) = j, X(v) \neq j \ v=1, 2, \cdots, k-1 | X(0) = i\}$$
$$= \Pr\{X(k) = j, X(v) \neq j \ v=1, 2, \cdots, k-1 | X(0) = i\}$$
$$\times \Pr\{X(n) = j | X(0) = i \ X(v) \neq j \ v=1, 2, \cdots, k-1, X(k) = j\}$$
$$= f_{i,j}(k) \Pr\{X(n) = j | X(k) = j\} = f_{i,j}(k) P_{j,j}(n-k)$$

$$(P_{j,j}(0) = 1 \text{ に注意}).$$

よって,

$$P_{i,j}(n) = \sum_{k=1}^{n} f_{i,j}(k) P_{j,j}(n-k) = \sum_{k=0}^{n} f_{i,j}(k) P_{j,j}(n-k) \qquad (f_{i,j}(0) = 0).$$

$i \neq j$ のときは (5.4) は $n=0$ でも成り立つ ($P_{i,j}(0) = 0, f_{i,i}(0) = 0$). しかし, $i=j$ のときは左辺 $P_{i,i}(0) = 1$, 右辺は 0 であるから, この場合は除く.

さて, 数列 $\{P_{i,j}(n)\}$ および $\{f_{i,j}(n)\}$ $(n=0, 1, 2, \cdots)$ の母関数をそれぞれ,

$$P_{i,j}(s) = \sum_{n=0}^{\infty} P_{i,j}(n) s^n, \quad |s| < 1,$$

$$F_{i,j}(s) = \sum_{n=0}^{\infty} f_{i,j}(n) s^n, \quad |s| < 1$$

とおく. $P_{i,j}(s), F_{i,j}(s)$ に関する基本公式を (5.4) から導いておく.

$i \neq j$ のとき, $F_{i,j}(s) P_{j,j}(s)$ の冪級数の展開の s^n の係数は $\sum_{k=0}^{n} f_{i,j}(k) P_{j,j}(n-k)$ であるが (5.4) からこれは $P_{i,j}(n)$ に等しい. よって,

(5.5) $$\boldsymbol{F_{i,j}(s) P_{j,j}(s) = P_{i,j}(s)} \qquad (i \neq j).$$

$i=j$ のとき, $F_{i,i}(s) P_{i,i}(s)$ の s^n $(n \geq 1)$ の係数は前と同様にして $P_{j,i}(n)$ であるが, 定数項は $P_{i,i}(0) f_{i,i}(0) = 0$, 一方 $P_{i,i}(s)$ の定数項は $P_{i,i}(0) = 1$ である. よって

(5.6) $$\boldsymbol{F_{i,i}(s) P_{i,i}(s) = P_{i,i}(s) - 1} \qquad (|s| < 1).$$

これを $P_{i,i}(s)$ で解いて

(5.7) $$P_{i,i}(s) = \frac{1}{1 - F_{i,i}(s)} \qquad (|s| < 1).$$

さて，$\sum_{n=1}^{\infty} f_{i,i}(n)=1$ のとき状態 i は**再帰的**という，そうでないとき，すなわち $\sum_{n=1}^{\infty} f_{i,i}(n)<1$ のとき状態 i は**一時的**という．いま，状態 i から出発して初めて i にもどる時刻を T_i とする．

$$T_i = \min\{n | X(n)=i,\ n>0,\ X(0)=i\}.$$

再帰的の場合は，この T_i が確率変数で，その確率分布が $\{f_{i,i}(n)\}$ である．

$$\Pr\{T_i=n\} = f_{i,i}(n) \qquad (n=1,2,\cdots).$$

このとき，T_i の平均値，すなわち平均再帰時間

(5.8) $$\mu_i = \sum_{n=1}^{\infty} nf_{i,i}(n)$$

を考えることができ，$\mu_i<\infty$，$\mu_i=\infty$ に応じて i を**正状態**，**零状態**という．

一時的の場合は，T_i は普通の意味の確率変数ではないが，∞ を許すことにすれば，

(5.9) $$\Pr\{T_i=\infty\} = 1 - \sum_{n=1}^{\infty} f_{i,i}(n) > 0.$$

1. 状態の分類

一時的		$\sum_{n=1}^{\infty} f_{i,i}(n)<1$	
再帰的	零状態	$\sum_{n=1}^{\infty} nf_{i,i}(n)=\infty,$	$\sum_{n=1}^{\infty} f_{i,i}(n)=1$
	正状態	$\sum_{n=1}^{\infty} nf_{i,i}(n)<\infty,$	$\sum_{n=1}^{\infty} f_{i,i}(n)=1$

再帰性の判定条件としてつぎの定理がある．

定理 5.1. 状態 i が再帰的ならば，

(5.10) $$\sum_{n=1}^{\infty} P_{i,i}(n) = \infty.$$

状態 i が一時的ならば，

(5.11) $$\sum_{n=1}^{\infty} P_{i,i}(n) < \infty.$$

証明． i が再帰的ならば，$\sum_{n=1}^{\infty} f_{ii}(n)=1$．正項冪級数に関する定理(アーベル)から，

§5. 状態の分類

$$\lim_{s\to 1-0}\sum_{n=0}^{\infty}f_{i,i}(n)s^n = \lim_{s\to 1-0}F_{i,i}(s) = \sum_{n=0}^{\infty}f_{i,i}(n) = \sum_{n=1}^{\infty}f_{i,i}(n) = 1.$$

基本公式 (5.6) から,

$$\lim_{s\to 1-0}P_{i,i}(s) = \lim_{s\to 1-0}\sum_{n=0}^{\infty}P_{i,i}(n)s^n = +\infty.$$

したがって,

$$\sum_{n=0}^{\infty}P_{i,i}(n) = \infty, \qquad \sum_{n=1}^{\infty}P_{i,i}(n) = \infty.$$

注. $a_n \geqq 0$ のとき, $\lim_{s\to 1-0}\sum_{n=0}^{\infty}a_n s^n = \sum_{n=0}^{\infty}a_n$ が成り立つ. ただし ∞ も許す

つぎに, i が一時的とすると, $\sum_{n=1}^{\infty}f_{i,i}(n) < 1$.

基本公式 (5.6) から,

$$\lim_{s\to 1-0}P_{i,i}(s) = \frac{1}{1-\sum_{n=0}^{\infty}f_{i,i}(n)}.$$

したがって,

$$\sum_{n=0}^{\infty}P_{i,i}(n) = \frac{1}{1-\sum_{n=1}^{\infty}f_{i,i}(n)} < \infty.$$

よって定理 5.1 は証明された.

なおこの式は

(5.12) $$1+\sum_{n=1}^{\infty}P_{i,i}(n) = \frac{1}{1-\sum_{n=1}^{\infty}f_{i,i}(n)}$$

と書ける.

さらに, 再帰性の判定条件として, つぎの 0-1 法則が成り立つ.

いま系が状態 i から出発して, 少なくとも m 回状態 j になる確率を $g_{i,j}(m)$ とおく. $g_{i,j}(m)$ は m の減少関数であるから

(5.13) $$\lim_{m\to\infty}g_{i,j}(m) = g_{i,j}$$

が存在する. $g_{i,j}$ は系が i から出発して無限回 j になる確率と考えてよい.

(5.14) $$g_{i,j} = \Pr\{X(n) = j; i, 0 | X(0) = i\}.$$

定理 5.2. (0-1 法則) 状態 i が再帰的ならば, $g_{i,i} = 1$, 状態 i が一時的

ならば，$g_{i,i}=0$.

証明． 時刻 k よりあとに少なくとも m 回状態 i になるという事象を $E_m(k)$ とすると，

$$g_{i,i}(m) = \Pr\{E_m(0)|X(0)=i\} = \Pr\{E_m(k)|X(k)=i\}.$$

公式 (5.4) を導いたと同様に最初の復帰時刻を考えて，

$\Pr\{E_m(0)|X(0)=i\}$

$= \sum_{k=1}^{\infty} \Pr\{E_{m-1}(k), X(v) \neq i \ (v=1,2,\cdots,k-1), X(k)=i|X(0)=i\}$

$= \sum_{k=1}^{\infty} \Pr\{X(v) \neq i \ (v=1,2,\cdots,k-1), X(k)=i|X(0)=i\}$

$\times \Pr\{E_{m-1}(k)|X(0)=i, X(v) \neq i \ (v=1,2,\cdots,k-1), X(k)=i\}$ [1]

$= \sum_{k=1}^{\infty} f_{i,i}(k) \Pr\{E_{m-1}(k)|X(0)=i, X(v) \neq i$

$(v=1,2,\cdots,k-1), X(k)=i\}$

$= \sum_{k=1}^{\infty} f_{i,i}(k) \Pr\{E_{m-1}(k)|X(k)=i\} = \sum_{k=1}^{\infty} f_{i,i}(k) g_{i,i}(m-1).$

よって，

(5.15) $\qquad g_{i,i}(m) = g_{i,i}(m-1) f_{i,i}.$

ここで

(5.16) $\qquad f_{i,i} = \sum_{k=1}^{\infty} f_{i,i}(k).$

(5.15) から順に

$g_{i,i}(m) = f_{i,i} g_{i,i}(m-1) = (f_{i,i})^2 g_{i,i}(m-2) = \cdots = (f_{i,i})^{m-1} g_{i,i}(1),$

$$g_{i,i}(1) = \sum_{k=1}^{\infty} f_{i,i}(k) = f_{i,i}$$

だから

(5.17) $\qquad g_{i,i}(m) = (f_{i,i})^m.$

一方 $g_{i,i} = \lim_{m\to\infty} g_{i,i}(m)$ であるから，

---

[1] マルコフの性質 (3.2) からつぎの拡張されたマルコフ性が導かれる．
$\Pr\{A|B, X(k)=i\} = P\{A|X(k)=i\}.$
ここで A は $X(k+1), X(k+2), \cdots$ によって定まる事象，B は $X(0), X(1), \cdots, X(k-1)$ で定まる事象である．

§5. 状態の分類

$f_{i,i}=1$ すなわち i が再帰的なら $g_{i,i}=1$,

$f_{i,i}<1$ すなわち i が一時的なら $g_{i,i}=0$.   (証明終)

再帰性が同値な組の性質であること，すなわち，同値な組のすべての状態はともに再帰的であるか，ともに一時的であることを示すつぎの定理が成り立つ．

定理 5.3. 状態 i が再帰的で $i \leftrightarrow j$ ならば状態 j も再帰的である．

証明. $i \leftrightarrow j$ ならば，

(5.18) $$P_{i,j}(n)>0, \quad P_{j,i}(m)>0$$

なる $m, n \geq 1$ が存在する ($j \neq i$ としてよい)．

$l \geq 0$ とすると (5.1) と同様にして，

$$P_{j,j}(m+l+n) \geq P_{j,i}(m) P_{i,i}(l) P_{i,j}(n).$$

よって

(5.19) $$\sum_{l=0}^{\infty} P_{j,j}(m+l+n) \geq P_{j,i}(m) P_{i,j}(n) \sum_{l=0}^{\infty} P_{i,i}(l).$$

この不等式から，

$$\sum_{l=0}^{\infty} P_{i,i}(l) = \infty \quad \text{なら} \quad \sum_{l=0}^{\infty} P_{j,j}(l) = \infty. \qquad \text{(証明終)}$$

つぎに，同値な組の性質を調べるための公式を出しておこう．

(5.15) を導いたのと同様にして，

(5.20) $$g_{i,j}(m) = \sum_{n=1}^{\infty} f_{i,j}(n) g_{j,j}(m-1) = f_{i,j} g_{j,j}(m-1).$$

ここで

(5.21) $$f_{i,j} = \sum_{n=1}^{\infty} f_{i,j}(n).$$

(5.20) で $m \to \infty$ として，公式

(5.22) $$g_{i,j} = f_{i,j} g_{j,j}$$

を得る．

任意の i, j と $m>0$ に対して，

$$g_{i,j} = \Pr\{X(n)=j; i, 0 | X(0)=i\}$$
$$= \sum_k \Pr\{X(n)=j; i, 0 (n \geq m), X(m)=k | X(0)=i\}$$
$$= \sum_k \Pr\{X(m)=k | X(0)=i\} \Pr\{X(n)=j; i, 0, n \geq m | X(0)=i, X(m)=k\}$$

$$= \sum_k P_{i,k}(m) \Pr\{X(n)=j; i, 0, n \geqq m | X(m)=k\}$$
$$= \sum_k P_{i,k}(m) g_{k,j}.$$

よって，つぎの公式が成り立つ．

(5.23) $$g_{i,j} = \sum_k P_{i,k}(m) g_{k,j}.$$

定理 5.4． 状態 j が再帰的ならば，任意の状態 i に対して，
$$f_{i,j} = g_{i,j}.$$

証明． 定理 5.2 から $g_{j,j}=1$．したがって公式 (5.22) から $g_{i,j}=f_{i,j}$ を得る．

定理 5.5． 状態 i が再帰的で，$i \to j$ ならば，
$$f_{j,i} = \sum_{n=1}^{\infty} f_{j,i}(n) = 1.$$

証明． 公式 (5.23) において j を i とおけば，

(5.24) $$g_{i,i} = \sum_k P_{i,k}(m) g_{k,i}.$$

i は再帰的であるから定理 5.2 から $g_{i,i}=1$．
$\sum_k P_{i,k}(m) = 1$ を用いて，(5.24) を変形すると，

(5.25) $$\sum_k P_{i,k}(m)(1-g_{k,i}) = 0.$$

よって，任意の $m>0$ に対して，
$$P_{i,j}(m)(1-g_{j,i}) = 0.$$

$i \to j$ であるから，ある m に対して $P_{i,j}(m)>0$．よって，
$$g_{j,i} = 1.$$

i は再帰的であるから定理 5.4 から $g_{j,i}=f_{j,i}$．よって，
$$f_{j,i} = 1. \qquad \text{(証明終)}$$

この定理から次のことがわかる．

i が再帰的で $i \to j$ ならば $j \to i$ すなわち i と j は同じ組に属す．したがって，**再帰的な組は閉じている**．

一時的な組については閉じている場合とそうでない場合がある．一時的な組 C が閉じているとすると $i \in C$, $j \in C$ に対して，公式 (5.22) と定理 5.2 から，

§5. 状態の分類

$$g_{i,j}=f_{i,j}g_{j,j}=0.$$

すなわち，i を出発したものは j を有限回しか訪問しない．したがって C は無限個の状態を含むことになる．このことから**有限マルコフ連鎖**（有限個の状態からなる連鎖）**の一時的な組は閉じていない**ことがわかる．

2. 状態の周期

$P_{i,i}(n)>0$ $(n\geqq 1)$ なる整数全体の最大公約数を状態 i の**周期**といい，これを $d(i)$ または d_i で表わす．

すべての $n\geqq 1$ に対して $P_{i,i}(n)=0$（非復帰的）のときは $d(i)=0$ と定める．また $d(i)=1$ のとき，状態 i は非周期的という．

周期については，つぎの定理が成り立つ．

定理 5.6. $i \leftrightarrow j$ ならば $d(i)=d(j)$ である．

証明． $i \leftrightarrow j$ であるから，つぎのような $m, n(\geqq 1)$ が存在する．

$$P_{i,j}(m)>0, \quad P_{j,i}(n)>0.$$

もし $P_{i,i}(s)>0$ とすれば，

$$P_{j,j}(n+s+m)\geqq P_{j,i}(n)P_{i,i}(s)P_{i,j}(m)>0.$$

よって，$d(j)$ は $n+s+m$ の約数である．

$$P_{i,i}(2s)\geqq P_{i,i}(s)P_{i,i}(s)>0$$

から，上と同様にして，$d(j)$ は $n+2s+m$ の約数であることがわかる．したがって，$d(j)$ は $s=(n+2s+m)-(n+s+m)$ の約数である．ゆえに，$d(j)\leqq d(i)$，i と j の役目をかえて $d(i)\leqq d(j)$．よって $d(i)=d(j)$．（証明終）

この定理から周期も再帰性と同様に**組の性質**であることがわかる．

定理 5.7. 状態 i の周期を $d(i)$ とすると，十分大きなすべての n に対して，

(5.26) $$P_{i,i}(nd(i))>0$$

が成り立つ．

証明． $d(i)=0$ のときは明らかであるから，$d(i)\geqq 1$ とする．このとき $d(i)$ は整数の集合 $S=\{n|P_{i,i}(n)>0, n\geqq 1\}$ の最大公約数であるが，$n_l \in S$ $(l=1, 2, \cdots, m)$ を適当にとって，$n_1, n_2, \cdots, n_m$ の最大公約数が $d(i)$ であるようにできる．このとき，十分大きなすべての n に対して，

$$nd(i) = c_1 n_1 + c_2 n_2 + \cdots + c_m n_m$$

なる負でない整数 $c_1, \cdots, c_m$ が存在する。よって，

$$P_{i,i}(nd(i)) \geqq [P_{i,i}(n_1)]^{c_1} \cdots [P_{i,i}(n_m)]^{c_m} > 0.$$

系 5.1. $P_{i,j}(m) > 0$ ならば十分大きなすべての n に対して，

(5.27) $$P_{i,j}(m+nd(j)) > 0$$

である。

証明.

$$P_{i,j}(m+nd(j)) \geqq P_{i,j}(m) P_{j,j}(nd(j)) > 0.$$

例 5.1. 制限のない1次元ランダム・ウォーク

状態空間が $\{0, \pm 1, \pm 2, \cdots\}$ で，推移確率が

(5.28) $$P_{i,i+1} = p, \qquad P_{i,i-1} = q \qquad (0 < p < 1, \quad p+q = 1)$$

であるマルコフ連鎖を考える．明らかにこの連鎖は既約で，周期は2である．再帰性を調べるには $P_{0,0}(n)$ だけを考えればよい．

(5.29) $$P_{0,0}(2n+1) = 0, \quad P_{0,0}(2n) = \binom{2n}{n} p^n q^n = \frac{(2n)!}{n! n!} p^n q^n$$

$$(n = 0, 1, 2, \cdots).$$

スターリングの公式

(5.30) $$n! \sim n^{n+\frac{1}{2}} e^{-n} \sqrt{2\pi} \quad (\sim \text{は比が1に近づくことを示す})$$

を (5.29) に適用すると，

(5.31) $$P_{0,0}(2n) \sim \frac{(4pq)^n}{\sqrt{\pi n}}.$$

$pq = p(1-p) \leqq 1/4$ で等号は $p = 1/2$ のときだけ成り立つ．したがって，$\sum_{n=0}^{\infty} P_{i,i}(2n) = \infty$ なるための必要十分条件は $p = 1/2$ である．定理 5.1 から $p = 1/2$ (対称) のとき再帰的で，$p \neq q$ のとき一時的である．

等式

(5.32) $$\binom{-\frac{1}{2}}{n} (-4)^n = \frac{\left(-\frac{1}{2}\right)\left(-\frac{1}{2}-1\right)\cdots\left(-\frac{1}{2}-n+1\right)}{n!} (-4)^n$$

$$= \frac{2^n 1 \cdot 3 \cdots (2n-1)}{n!} = \binom{2n}{n}$$

を用いて, $\{P_{0,0}(n)\}$ の母関数 $P_{0,0}(s)$ を変形すると,

(5.33) $$P_{0,0}(s)=\sum_{n=0}^{\infty}\binom{2n}{n}p^nq^ns^{2n}=\sum_{n=0}^{\infty}\binom{-\frac{1}{2}}{n}(-4)^np^nq^ns^{2n}$$
$$=(1-4pqs^2)^{-1/2} \quad (|s|<1).$$

公式 (5.6) から

(5.34) $$F_{0,0}(s)=1-\frac{1}{P_{0,0}(s)}=1-(1-4pqs^2)^{1/2}.$$

$p\neq 1/2$ のときは, 少なくとも 1 回原点に復帰する確率は

(5.35) $$f_{0,0}=\sum_{n=1}^{\infty}f_{0,0}(n)=F_{0,0}(1)=1-(1-4pq)^{1/2}=1-|p-q|.$$

$p=1/2$ のとき,

(5.36) $$F_{0,0}(s)=1-(1-s^2)^{1/2}.$$

右辺を s の冪級数に展開して,

(5.37) $$f_{0,0}(2n)=(-1)^{n+1}\binom{\frac{1}{2}}{n}=\frac{1}{n}\binom{2n-2}{n-1}2^{-2n+1} \quad (n\geq 1),$$
$$f_{0,0}(2n+1)=0.$$

例 5.2. 2 次元の対称なランダム・ウォーク

2 次元の対称なランダム・ウォークというのは, 状態空間が平面上の格子点 $k=(k_1,k_2)$ (k_1,k_2 は整数) 全体で, 推移確率が

(5.38) $$P_{k,l}=\begin{cases}\frac{1}{4} & (|k_1-l_1|+|k_2-l_2|=1), \quad l=(l_1,l_2), \\ 0 & (その他)\end{cases}$$

で与えられるものである. 粒子は一単位ずつ x 軸, y 軸に平行な 4 つの方向のうち 1 つの方向に移動し, それぞれの確率が 1/4 である.

原点 $(0,0)$ で表わされる状態を 0 とかき, $P_{0,0}(n)$ を求めてみよう. 明らかに $P_{0,0}(2n+1)=0$ である. $2n$ 回目に原点に復帰するのは, 左, 右にそれぞれ l 単位, 上下にそれぞれ m 単位だけ動く場合である. ただし $2l+2m=2n$. 多項分布から,

$$P_{0,0}(2n) = \sum_{l+m=n} \frac{(2n)!}{l!l!m!m!}\left(\frac{1}{4}\right)^{2n} = \sum_{l=1}^{n} \frac{(2n)!}{l!l!(n-l)!(n-l)!}\left(\frac{1}{4}\right)^{2n}.$$

$(n!)^2$ を分子分母に掛けて,

(5.39) $\qquad P_{0,0}(2n) = \left(\frac{1}{4}\right)^{2n}\binom{2n}{n}\sum_{l=0}^{n}\binom{n}{l}^2 = \left(\frac{1}{4}\right)^{2n}\binom{2n}{n}^2.$

スターリングの公式 (5.30) を用いて,

(5.40) $\qquad P_{0,0}(2n) \sim \frac{1}{\pi n}, \qquad \sum_{n=0}^{\infty} P_{0,0}(n) = \infty.$

したがって, 2次元の対称なランダム・ウォークは再帰的である.

例 5.3. 3次元対称ランダム・ウォーク

状態空間は $k = (k_1, k_2, k_3) \qquad (k_1, k_2, k_3$ は整数).

推移確率は

(5.41) $\qquad P_{k,l} = \begin{cases} \dfrac{1}{6} & (|k_1-l_1|+|k_2-l_2|+|k_3-l_3|=1), \\ 0 & (その他). \end{cases}$

2次元のときと同様に,

$$P_{0,0}(2n+1)=0, \quad P_{0,0}(2n) = \sum_{j+k\leq n} \frac{(2n)!}{(j!)^2(k!)^2\{(n-j-k)!\}^2}\left(\frac{1}{6}\right)^{2n}$$

$$= \frac{1}{2^{2n}}\binom{2n}{n}\sum_{j+k\leq n}\left\{\frac{1}{3^n}\frac{n!}{j!k!(n-j-k)!}\right\}^2.$$

$$1 = \left(\frac{1}{3}+\frac{1}{3}+\frac{1}{3}\right)^n = \sum_{j+k\leq n}\frac{1}{3^n}\frac{n!}{j!k!(n-j-k)!}$$

から

$$\sum_{j+k\leq n}\left[\frac{1}{3^n}\frac{n!}{j!k!(n-j-k)!}\right]^2 \leq \max_{j+k\leq n}\left\{\frac{1}{3^n}\frac{n!}{j!k!(n-j-k)!}\right\}.$$

j, k ともに $n/3$ に近いところで最大値に達するから, スターリングの公式を用いて,

(5.42) $\qquad\qquad\qquad P_{0,0}(2n) \sim O(n^{-3/2})$

($g(n) = O(f(n))$ は $|g(n)| \leq K \cdot f(n)$ (K は定数)のこと).

したがって

$$\sum_{n=1}^{\infty} P_{0,0}(n) < \infty.$$

すなわち，3次元対称ランダム・ウォークは一時的である．

例 5.4. 成功の連

推移確率行列が

(5.43) $$\begin{bmatrix} p_0 & 1-p_0 & 0 & 0 & \cdots \\ p_1 & 0 & 1-p_1 & 0 & \cdots \\ p_2 & 0 & 0 & 1-p_2 & \cdots \\ \vdots & \vdots & \vdots & & \\ p_r & 0 & 0 & & 0 & 1-p_r & 0 & \cdots \\ \vdots & & & & \vdots & \end{bmatrix}$$

($0<p_i<1$)，で与えられるマルコフ連鎖を考える．

ここで特に $p_i=q$ ($i=0,1,2,\cdots$) のとき，成功の連の推移確率行列である．その意味は，ベルヌーイ試行すなわち成功(S)，失敗(F)の列において第 n 番目が F のとき，時刻 n で状態 0 にあるとし，n 番目が S のとき，ちょうど $n-i+1$ 番目から n 番まで S が連なっているとき，時刻 n で状態 i にあるとする．時刻 n で状態 i にあるとすれば，このときの推移は $i \to 0$，または $i \to i+1$ のみで，その推移確率行列は (5.43) で $p_i=q$ としたものである．

さて (5.43) にもどる．この連鎖は明らかに既約であるから状態 0 だけを考える．

容易に，つぎの結果が得られる．

(5.44) $$f_{0,0}(1)=p_0=1-(1-p_0),$$
$$f_{0,0}(n)=\left(\prod_{i=0}^{n-2}(1-p_i)\right)p_{n-1} \quad (n>1),$$

(5.45) $$u_n=\prod_{i=0}^{n}(1-p_i) \quad (n \geqq 0), \quad u_{-1}=1$$

とおくと

(5.46) $$\sum_{n=1}^{m+1}f_{0,0}(n)=(1-u_0)+(u_0-u_1)+\cdots+(u_{m-1}-u_m)=1-u_m.$$

さて，$0<p_i<1$ のとき，不等式

$$1-p_i<e^{-p_i}, \quad \prod_{i=0}^{m}(1-p_i)<e^{-\sum_{i=0}^{m}p_i}$$

および
$$\prod_{i=j}^{m}(1-p_i) > 1 - \sum_{i=j}^{m} p_i \quad (j<m)$$

から, 無限乗積に関する定理:
$$0 < p_n < 1 \quad (n=0,1,2,\cdots)$$

のとき,
$$\lim_{m\to\infty}\prod_{n=0}^{m}(1-p_n)=0 \iff \sum_{n=0}^{\infty}p_n=\infty$$

が得られる. (5.46) から $\sum_{n=1}^{\infty}f_{0,0}(n)=1$ すなわち系が再帰的であるための必要十分条件は $\sum_{n=0}^{\infty}p_n=\infty$ である. とくに $p_i=q$ のときは, 再帰的である.

なお上の形のマルコフ連鎖で, いろいろの型のマルコフ連鎖の例が作れることを示そう. すなわち任意の $a_n>0$, $\sum_{n=1}^{\infty}a_n \leqq 1$ なる数列に対して $f_{0,0}(n)=a_n$ となる上の形のマルコフ連鎖が作れる. (5.44) から
$$p_0=a_1, \quad \prod_{i=0}^{n-2}(1-p_i)p_{n-1}=a_n$$

とおいて, この方程式から, つぎつぎに p_n を求めると,
$$p_n = \frac{a_{n+1}}{1-a_1-a_2-\cdots-a_n} \quad (n \geqq 1).$$

仮定 $a_n>0$, $\sum_{n=1}^{\infty}a_n \leqq 1$ から $0<p_n<1$ $(n \geqq 0)$.

§6. マルコフ連鎖の極限定理

ここで, $n\to\infty$ のときの $P_{i,j}(n)$ の様子を調べる. はじめに $i=j$ の場合を考えよう.

j が一時的状態ならば, 定理 5.1 から $\sum_{n=1}^{\infty}P_{j,j}(n)<\infty$ であるから,

(6.1) $$\lim_{n\to\infty}P_{j,j}(n)=0$$

である. つぎに j が再帰的, すなわち $\sum_{n=1}^{\infty}f_{j,j}(n)=1$ とする. このときは, 平均再帰時間 $\mu_j=\sum_{n=1}^{\infty}nf_{j,j}(n)$ を考え, $\mu_j=\infty$, $\mu_j<\infty$ に応じて, 零状態, 正

§6. マルコフ連鎖の極限定理

状態とに分類した.この場合の極限定理を得るための基本的な補助定理を述べておく.

補助定理(再生方程式). 数列 $\{f_n\}$ ($n=0,1,2,\cdots$) は次の条件を満たすとする.
(i)
(6.2) $$f_0=0, \quad f_n \geqq 0, \quad \sum_{n=1}^{\infty} f_n = 1.$$
(ii) 整数の集合 $\{n; f_n>0\}$ の最大公約数は 1 である.

いま,数列 $\{u_n\}$ を次のように定義する.

(6.3) $$u_0=1, \quad u_n = \sum_{k=1}^{n} f_k u_{n-k} \quad (n \geqq 1).$$

このとき,

(6.4) $$\lim_{n \to \infty} u_n = \begin{cases} \mu^{-1} & \left(\mu = \sum_{n=1}^{\infty} n f_n < \infty\right), \\ 0 & \left(\mu = \sum_{n=1}^{\infty} n f_n = \infty\right) \end{cases}$$

(証明については定理 13.6 参照).

さて,状態 j が再帰的とし,$f_{j,j}(0)=0$, $f_{j,j}(n)=f_n$, $P_{j,j}(n)=u_n$ とおけば,明らかに (6.2) が成り立つ.また (5.4) から (6.3) も成り立つ.もし j が非周期的であるとすると,$\{P_{j,j}(n)\}$ と $\{f_{j,j}(n)\}$ の母関数 $P_{j,j}(s)$, $F_{j,j}(s)$ についての等式 (5.7) すなわち $P_{j,j}(s)=(1-F_{j,j}(s))^{-1}$ から $\{n; f_n>0\}$ の最大公約数も 1 となる.よって条件 (ii) が成り立つ.

したがって,補助定理から,つぎの定理を得る.

定理 6.1. j が非周期的な正状態ならば,

(6.5) $$\lim_{n \to \infty} P_{j,j}(n) = \mu_j^{-1} > 0 \quad \left(\mu_j = \sum_{n=1}^{\infty} n f_{j,j}(n)\right).$$

つぎに,j が周期 d_j の零状態とすると,n が d_j の倍数でなければ,$P_{j,j}(n)=0$ である.また $n=md_j$ のときは $\boldsymbol{P}^{d_j}=\boldsymbol{P}_1$ とおくと,$\boldsymbol{P}^{md_j}=\boldsymbol{P}_1^m$, したがって,推移確率行列 $\boldsymbol{P}_1$ をもつマルコフ連鎖に補助定理を適用すれば,

$$\lim_{m \to \infty} P_{j,j}(md_j) = 0.$$

よって,つぎの定理を得る.

定理 6.2. 状態 j が一時的かまたは零状態ならば,

(6.6) $$\lim_{n \to \infty} P_{j,j}(n) = 0.$$

注. j が周期 d_j の正状態のときは，

(6.7) $\quad\lim_{m\to\infty} P_{j,j}(md_j)=\dfrac{d_j}{\mu_j}>0,\quad P_{j,j}(md_j+r)=0\quad (r=1,2,\cdots,(d_j-1))$.

$\Big(P_1$ に定理 6.1 を適用する．なお，P_1 に対する平均再帰時間は，$\sum\limits_{m=1}^{\infty} f_{j,j}(md_j)\times m$
$=d_j^{-1}\sum\limits_{j=1}^{\infty}f_{j,j}(md_j)\times md_j=\mu_j\cdot d_j^{-1}$ である．$\Big)$

系 6.1. $i\leftrightarrow j$ で，i が正状態ならば，j も正状態である．

証明． $i\leftrightarrow j$ から $P_{i,j}(m)>0$, $P_{j,i}(n)>0$ なる m,n が存在する．d を共通の周期とすると（定理 5.6），

(6.8) $\quad P_{j,j}(n+\nu d+m)\geqq P_{j,i}(n)P_{i,i}(\nu d)P_{i,j}(m)$.

j が零状態とすると，$\nu\to\infty$ のとき，左辺は 0，右辺は正に収束するから，矛盾である．よって j も正状態である． （証明終）

この系から，状態の正か零かは同値な組の性質であることがわかる．

定理 6.1, 定理 6.2 から，つぎの一般の極限定理が得られる．

定理 6.3.

（ⅰ） 状態 j が一時的かまたは零状態のときは，

(6.9) $\quad\lim\limits_{n\to\infty} P_{i,j}(n)=0$.

（ⅱ） 状態 j が非周期的で正状態のときは，

(6.10) $\quad\lim\limits_{n\to\infty} P_{i,j}(n)=f_{i,j}\mu_j^{-1}$.

（ⅲ） 任意の状態 j に対して，

(6.11) $\quad\lim\limits_{n\to\infty}\dfrac{1}{n}\sum\limits_{k=1}^{n}P_{i,j}(k)=f_{i,j}\mu_j^{-1}$.

（一時的または $\mu_j=\infty$ のときは $f_{i,j}\mu_j^{-1}=0$ と考える．）

証明． (5.4) から，

(6.12) $\quad P_{i,j}(n)=\sum\limits_{k=1}^{n}f_{i,j}(k)P_{j,j}(n-k)$.

（ⅰ） $\sum\limits_{k=1}^{\infty}f_{i,j}(k)\leqq 1$ であるから，任意の正数 ε に対して，

(6.13) $\quad\sum\limits_{k=N_1+1}^{\infty}f_{i,j}(k)<\dfrac{\varepsilon}{2}$

が成り立つ N_1 が存在する．この N_1 を固定しておく．

j が一時的かまたは零状態ならば，
$$\lim_{n\to\infty} P_{j,j}(n-k) = 0 \qquad (k=1,2,\cdots,N_1).$$
したがって，N を適当に定めると，$n \geq N \ (>N_1)$ なるすべての n に対して
(6.14) $$\sum_{k=1}^{N_1} P_{j,j}(n-k) < \frac{\varepsilon}{2}$$
が成り立つようにできる．

(6.12) から

(6.15)
$$P_{i,j}(n) = \sum_{k=1}^{N_1} f_{i,j}(k) P_{j,j}(n-k) + \sum_{k=N_1+1}^{n} f_{i,j}(k) P_{j,j}(n-k)$$
$$\leq \sum_{k=1}^{N_1} P_{j,j}(n-k) + \sum_{k=N_1+1}^{n} f_{i,j}(k).$$

(6.13)，(6.14) から $n \geq N$ のとき，
$$P_{i,j}(n) < \frac{\varepsilon}{2} + \frac{\varepsilon}{2} = \varepsilon.$$
ゆえに
(6.16) $$\lim_{n\to\infty} P_{i,j}(n) = 0.$$

（ii） j が非周期的な正状態のときは，(6.12) から

(6.17)
$$P_{i,j}(n) - \sum_{k=1}^{\infty} f_{i,j}(k) \cdot \mu_j^{-1} = \sum_{k=1}^{N_1} f_{i,j}(k) \{P_{j,j}(n-k) - \mu_j^{-1}\}$$
$$+ \sum_{k=N_1+1}^{n} f_{i,j}(k) P_{j,j}(n-k) - \sum_{k=N_1+1}^{\infty} f_{i,j}(k) \cdot \mu_j^{-1}$$

(6.18)
$$\left| P_{i,j}(n) - \sum_{k=1}^{\infty} f_{i,j}(k) \mu_j^{-1} \right| \leq \sum_{k=1}^{N_1} |P_{j,j}(n-k) - \mu_j^{-1}|$$
$$+ \sum_{k=N_1+1}^{\infty} f_{i,j}(k)(1+\mu_j^{-1}).$$

この不等式から（1）と同様にして
(6.19) $$\lim_{n\to\infty} P_{i,j}(n) = \sum_{k=1}^{\infty} f_{i,j}(k) \mu_j^{-1} = f_{i,j} \mu_j^{-1}$$
を得る．

(iii) $a_n \to A \ (n\to\infty)$ なら $\frac{1}{n}\sum_{k=1}^{n} a_k \to A \ (n\to\infty)$ であるから，j が一時的，零状態，または非周期的正状態ならば，（i），（ii）から明らかに (6.11) が

成り立つ. j が周期 d の正状態のときは, つぎの注からやはり (6.11) が成り立つことがわかる.

注. j が周期 d_j の正状態のときは,

(6.20) $$\lim_{m\to\infty} P_{i,j}(md_j+r) = f_{i,j}^{(r)} \frac{d_j}{\mu_j}.$$

ここで,

$$f_{i,j}^{(r)} = \sum_{m=0}^{\infty} f_{i,j}(md_j+r) \quad (r=0,1,2,\cdots,(d_j-1)).$$

系 6.2. 有限マルコフ連鎖には零状態は存在しない. また, 状態が全部一時的であることはない.

証明. j が零状態とし, それを含む組を C とすると,

(6.21) $$\sum_{j\in C} P_{i,j}(n) = 1, \quad i \in C.$$

また, すべての状態が一時的とすると,

(6.22) $$\sum_{j=1}^{N} P_{i,j}(n) = 1.$$

(6.21), (6.22) で $n\to\infty$ とすると, 定理 6.3 (i) から左辺は 0 に収束し, 矛盾である.

系 6.3. 既約で非周期的な正のマルコフ連鎖では

(6.23) $$\lim_{n\to\infty} P_{i,j}(n) = \mu_j^{-1},$$

すなわち, 極限値は i に依存しない.

証明. 定理 5.5 から $f_{i,j} = \sum_{n=1}^{\infty} f_{i,j}(n) = 1$.

よって, 定理 6.3 (ii) から (6.23) を得る.

注. この系の条件を満たすマルコフ連鎖をエルゴード的ということがある.

系 6.4. 既約なマルコフ連鎖では,

(6.24) $$\lim_{n\to\infty} \frac{1}{n} \sum_{k=1}^{n} P_{i,j}(k) = \pi_j = \begin{cases} 0 & \text{(一時的, 零状態)}, \\ \mu_j^{-1} > 0 & \text{(正状態)}. \end{cases}$$

極限値は i に依存しない.

証明. 連鎖が一時的または零のときは, 定理 6.3 (i) から $\pi_j=0$. また連鎖が正のときは, 定理 6.3 (iii) から

$$\lim_{n\to\infty} \frac{1}{n} \sum_{k=1}^{n} P_{i,j}(k) = f_{i,j} \mu_j^{-1}.$$

§ 6. マルコフ連鎖の極限定理

しかるに，この場合，

定理 5.5 から $f_{i,j}=1$ であるから，$\pi_j = \mu_j^{-1}$.

有限連鎖のエルゴード性については，つぎの定理は便利である.

定理 6.4. N 個の状態をもつマルコフ連鎖において，ある正の整数 l に対して

(6.25) $$P_{i,j}(l) > 0 \qquad (i,j=1,2,\cdots,N)$$

ならば，

(6.26) $$\lim_{n\to\infty} P_{i,j}(n) = \pi_j > 0 \qquad (j=1,2,\cdots,N).$$

極限値は i によらない.

証明.

(6.27) $$M_j(n) = \max_{1\leq i \leq N} P_{i,j}(n), \qquad m_j(n) = \min_{1\leq i \leq N} P_{i,j}(n)$$

とおくと，

$$P_{i,j}(n+1) = \sum_{k=1}^{N} P_{i,k} P_{k,j}(n) \leq M_j(n) \sum_{k=1}^{N} P_{i,k} = M_j(n).$$

よって

(6.28) $$M_j(n+1) \leq M_j(n).$$

同様に

$$m_j(n+1) \geq m_j(n).$$

すなわち，$\{M_j(n)\}$ は非増加列，$\{m_j(n)\}$ は非減少列で，$0 \leq m_j(n) \leq M_j(n) \leq 1$ である.

(6.29) $$M_j(n+l) - m_j(n+l) = \max_{\alpha,\beta} \sum_{i=1}^{N} \{P_{\alpha,i}(l) - P_{\beta,i}(l)\} P_{i,j}(n).$$

α, β を固定して，$\sum_i^{+}$ を $P_{\alpha,i}(l) \geq P_{\beta,i}(l)$ なる i についての和 $\sum_i^{-}$ を $P_{\alpha,i}(l) < P_{\beta,i}(l)$ なる i についての和を表わすとすれば，

(6.30) $$\sum_i^{+} (P_{\alpha,i}(l) - P_{\beta,i}(l)) + \sum_i^{-} (P_{\alpha,i}(l) - P_{\beta,i}(l))$$
$$= \sum_{i=1}^{N} P_{\alpha,i}(l) - \sum_{i=1}^{N} P_{\beta,i}(l) = 0.$$

仮定から，$\min_{i,j} P_{i,j}(l) = \delta > 0$.

(6.31)
$$\sum_i{}^+ (P_{\alpha,i}(l) - P_{\beta,i}(l)) = 1 - \sum_i{}^- P_{\alpha,i}(l) - \sum_i{}^+ P_{\beta,i}(l)$$
$$\leq 1 - N\delta.$$

(6.30) と (6.31) から

(6.32)
$$\sum_{i=1}^{N} \{P_{\alpha,i}(l) - P_{\beta,i}(l)\} P_{i,j}(n) = \sum_i{}^+ + \sum_i{}^-$$
$$\leq M_j(n) \sum_i{}^+ \{P_{\alpha,i}(l) - P_{\beta,i}(l)\} + m_j(n) \sum_i{}^- \{P_{\alpha,i}(l) - P_{\beta,i}(l)\}$$
$$= (M_j(n) - m_j(n)) \sum{}^+ \{P_{\alpha,i}(l) - P_{\beta,i}(l)\}$$
$$\leq (M_j(n) - m_j(n))(1 - N\delta).$$

(6.29) から

(6.33) $\quad M_j(n+l) - m_j(n+l) \leq (M_j(n) - m_j(n))(1 - N\delta).$

さらに,

(6.34)
$$M_j(l) - m_j(l) = \max_{\alpha,\beta} \{P_{\alpha,j}(l) - P_{\beta,j}(l)\}$$
$$\leq \max_{\alpha,\beta} \sum_j{}^+ (P_{\alpha,j}(l) - P_{\beta,j}(l)) \leq 1 - N\delta.$$

したがって

(6.35) $\quad 0 \leq M_j(kl) - m_j(kl) \leq (1-N\delta)^k \to 0 \quad (k \to \infty).$

よって $\{M_j(n)\}\{m_j(n)\}$ は同じ極限値 π_j をもつ. また
$$0 < \delta \leq m_j(n) \leq P_{i,j}(n) \leq M_j(n)$$
であるから, $\lim_{n \to \infty} P_{i,j}(n) = \pi_j > 0.$ (証明終)

§7. 定常分布と吸収の確率

マルコフ連鎖の推移確率 $\{P_{i,j}\}$ に対して

(7.1) $\qquad \pi_i \geq 0, \quad \sum_{i=0}^{\infty} \pi_i = 1, \quad \pi_j = \sum_{i=0}^{\infty} \pi_i P_{i,j}$

を満たす確率分布 $\{\pi_i\}$ が存在するとき, $\{\pi_i\}$ を, このマルコフ連鎖の**定常な分布**という.

(7.1) の両辺に $P_{j,k}$ を掛けて, j について加えると,
$$\pi_j = \sum_{i=0}^{\infty} \pi_i P_{i,j}(2)$$

§7. 定常分布と吸収の確率

を得る. 同様にして,

(7.2) $$\pi_j = \sum_{i=0}^{\infty} \pi_i P_{i,j}(n) \quad (n=1,2,3,\cdots).$$

初期分布 $\{a_j\}$ が定常ならば, $X(n)$ の絶対確率 $\Pr\{X(n)=j\}=a_j(n)$ は

$$a_j(n) = \sum_{i=0}^{\infty} a_i P_{i,j}(n) = a_j$$

となる. すなわち, この系は統計的平衡状態にあるといえる.

定常な分布の存在に関して, つぎの定理が成り立つ.

定理 7.1. 既約な正のマルコフ連鎖において,

(7.3) $$\pi_j = \mu_j^{-1} > 0 \quad \left(\mu_j = \sum_{n=1}^{\infty} n f_{j,j}(n) < \infty \right)$$

とすれば, $\{\pi_j\}$ は定常な分布である. 定常な分布はこの他にはない.

証明. $\widetilde{P}_{i,j}(n) = \dfrac{1}{n} \sum_{m=1}^{n} P_{i,j}(m)$ とおくと, 系 6.4 から,

(7.4) $$\lim_{n\to\infty} \widetilde{P}_{i,j}(n) = \mu_j^{-1} = \pi_j > 0.$$

すべての n, M に対して,

$$\sum_{j=0}^{M} \widetilde{P}_{i,j}(n) \leqq \sum_{j=0}^{\infty} \widetilde{P}_{i,j}(n) = 1.$$

$n \to \infty$ とすれば (7.4) から,

$$\sum_{j=0}^{M} \pi_j \leqq 1.$$

よって,

(7.5) $$\sum_{j=0}^{\infty} \pi_j \leqq 1.$$

また,

$$\sum_{k=0}^{M} P_{i,k}(m) P_{k,j} \leqq \sum_{k=0}^{\infty} P_{i,k}(m) P_{k,j} = P_{i,j}(m+1).$$

$m=1,2,\cdots,n$ として加えて, n で割ると,

$$\sum_{k=0}^{M} \widetilde{P}_{i,k}(n) P_{k,j} \leqq \frac{n+1}{n} \widetilde{P}_{i,j}(n+1) - \frac{1}{n} P_{i,j}.$$

$n \to \infty$ として,

$$\sum_{k=0}^{M} \pi_k P_{k,j} \leqq \pi_j.$$

M は任意だから,

(7.6) $$\sum_{k=0}^{\infty} \pi_k P_{k,j} \leqq \pi_j.$$

ある j_0 について, $\sum \pi_k P_{k,j_0} < \pi_{j_0}$ が成り立つとすれば,

$$\sum_{j=0}^{\infty} \pi_j > \sum_{j=0}^{\infty} \sum_{k=0}^{\infty} \pi_k P_{k,j} = \sum_{k=0}^{\infty} \pi_k \sum_{j=0}^{\infty} P_{k,j} = \sum_{k=0}^{\infty} \pi_k.$$

これは矛盾である.よって,

(7.7) $$\sum_{k=0}^{\infty} \pi_k P_{k,j} = \pi_j.$$

両辺に $P_{j,i}$ を掛けて j について加えると,

$$\sum_{k=0}^{\infty} \pi_k P_{k,i}(2) = \pi_i.$$

以下同様にして,すべての m について,

(7.8) $$\sum_{k=0}^{\infty} \pi_k P_{k,j}(m) = \pi_j.$$

したがって,また,

(7.9) $$\sum_{k=0}^{\infty} \pi_k \widetilde{P}_{k,j}(n) = \pi_j.$$

ここで, $0 \leqq \widetilde{P}_{k,j} \leqq 1$, $\sum_{j=0}^{\infty} \pi_j \leqq 1$(収束)であるから $\lim_{n\to\infty}$ と和の順序を交換することができて,

$$\sum_{k=0}^{\infty} \pi_k \cdot \pi_j = \pi_j.$$

$\pi_j > 0$ であるから,

(7.10) $$\sum_{k=0}^{\infty} \pi_k = 1.$$

(7.4),(7.7),(7.10) から $\{\pi_j\}$ は定常な分布である.

逆に $\{x_j\}$ が定常な分布とすると (7.7),(7.8),(7.9) で π_j の代りに x_j とおいた式が成り立ち, $n \to \infty$ として

$$\sum_{k=0}^{\infty} x_k \cdot \pi_j = x_j, \quad x_j = \pi_j.$$

§ 7. 定常分布と吸収の確率

すなわち, 一意性が証明された. (証明終)

系 7.1. 既約なマルコフ連鎖が, 一時的, または零状態のときは, 定常な分布は存在しない.

証明. $\lim_{n\to\infty} P_{k,j}(n) = 0$ であるから $\{u_j\}$ が, 定常な分布とすれば,

$$u_j = \sum_{k=0}^{\infty} u_k P_{k,j},$$

$$u_j = \sum_{k=0}^{\infty} u_k P_{k,j}(n),$$

$$u_j = \lim_{n\to\infty} \sum_{k=0}^{\infty} u_k P_{k,j}(n) = \sum_{k=0}^{\infty} u_k \lim_{n\to\infty} P_{k,j}(n) = 0. \quad \text{(証明終)}$$

定理 7.2. マルコフ連鎖が既約とする. 連立方程式

(7.11) $$\sum_{k=0}^{\infty} x_k P_{k,j} = x_j \quad (j = 0, 1, 2, \cdots)$$

が

(7.12) $$\sum_{k=0}^{\infty} |x_k| < \infty, \quad (x_0, x_1, \cdots) \neq (0, 0, \cdots)$$

なる解をもつならば, このマルコフ連鎖は正状態である.

証明. 定理 7.1 の証明と同様にして (7.11) から

$$\sum_{k=0}^{\infty} x_k \widetilde{P}_{k,j}(n) = x_j.$$

(7.12) から

$$x_j = \lim_{n\to\infty} \sum_{k=0}^{\infty} x_k \widetilde{P}_{k,j}(n) = \sum_{k=0}^{\infty} x_k \lim_{n\to\infty} \widetilde{P}_{k,j}(n),$$

系 6.4 から

$$\lim_{n\to\infty} \widetilde{P}_{k,j}(n) = \pi_j \geq 0.$$

よって

(7.13) $$x_j = \pi_j \sum_{k=0}^{\infty} x_k.$$

仮定からある j に対して $x_j \neq 0$, したがって, $\pi_j > 0$.

連鎖は既約であるから, すべての j に対して

$$\pi_j > 0$$

となる।   (証明終)

例 7.1. 推移確率行列が

(7.14) $$[P_{i,j}] = \begin{bmatrix} 0 & 1 & 0 & 0 & \cdots \\ q_1 & 0 & p_1 & 0 & \cdots \\ 0 & q_2 & 0 & p_2 & \cdots \\ & \cdots\cdots\cdots\cdots\cdots & & \end{bmatrix} \quad (0<p_i<1,\quad q_i=1-p_i)$$

であるランダム・ウォーク(反射壁)を考える．この場合定常な分布の方程式

$$x_i = \sum_{j=0}^{\infty} x_j P_{j,i}$$

は，

(7.15) $$x_i = p_{i-1}x_{i-1} + q_{i+1}x_{i+1}.$$

ここで $p_{-1}=0$, $p_0=1$ とする．

特に

$$x_0 = q_1 x_1, \qquad x_1 = \frac{x_0}{q_1}.$$

これから (7.15) により，つぎつぎに $x_2, x_3, \cdots$ を求めると

(7.16) $$x_i = x_0 \prod_{k=0}^{i-1} \frac{p_k}{q_{k+1}} \qquad (i \geq 1).$$

正規化の条件

$$\sum_{i=0}^{\infty} x_i = 1$$

から

(7.17) $$1 = x_0 + x_0 \sum_{i=1}^{\infty} \prod_{k=0}^{i-1} \frac{p_k}{q_{k+1}}.$$

したがって，

(7.18) $$\sum_{i=1}^{\infty} \prod_{k=0}^{i-1} \frac{p_k}{q_{k+1}} = \infty$$

のときは，定常な分布は存在しない．

(7.19) $$\sum_{i=1}^{\infty} \prod_{k=0}^{i-1} \frac{p_k}{q_{k+1}} < \infty$$

のときは，

$$x_0 = \left(1 + \sum_{i=1}^{\infty} \prod_{k=0}^{i-1} \frac{p_k}{q_{k+1}}\right)^{-1}, \qquad x_i = x_0 \prod_{k=0}^{i-1} \frac{p_k}{q_{k+1}} \qquad (i \geq 1)$$

§7. 定常分布と吸収の確率

が定常な分布である.

特に $p_k=p$, $q_k=q=1-p$ $(k\geq 1)$ のときは,

(7.20) $$\sum_{i=1}^{\infty}\prod_{k=0}^{i-1}\frac{p_k}{q_{k+1}}=\frac{1}{q}\sum_{i=1}^{\infty}\left(\frac{p}{q}\right)^{i-1}.$$

したがって, $p<q$ のときだけ定常な分布が存在する.

吸収確率

§5 において, 再帰的な組は閉じているが, 一時的な組は必ずしも閉じていないことを知った. 一時的状態 i から出発して, 再帰的な組に吸収される場合を考えてみよう. 一度再帰的な組にはいると以後はずっと, その組にとどまる.

T をすべての一時的状態の集合とする. いま,

(7.21) $$x_i(1)=\sum_{j\in T}P_{i,j}\leq 1 \quad (i\in T),$$

(7.22) $$x_i(n)=\sum_{j\in T}P_{i,j}x_j(n-1) \quad (n\geq 2, i\in T)$$

とおく. $x_i(n)$ は, 系が i から出発して, n 時間の間中 T にとどまっている確率である.

(7.21), (7.22) から

(7.23) $$1\geq x_i(1)\geq x_i(2)\geq\cdots\geq x_i(n)\geq\cdots\geq 0$$

であることが容易にわかる. したがって

(7.24) $$\lim_{n\to\infty}x_i(n)=x_i$$

が存在し,

(7.25) $$x_i=\sum_{j\in T}P_{i,j}x_j \quad (i\in T)$$

が成り立つ.

いま (7.25) が零ベクトル $(0,0,0,\cdots)$ 以外に有界な解を持たないと仮定する. この時は, 上の極限値 (7.24) は i から出発してずっと T にとどまっている確率であるから, 一時的状態から出発した系は確率 1 で, いつかは再帰的な組に吸収されることになる.

さて, i を一時的状態, C を再帰的な組とし,

(7.26) $$\pi_i(1)(C)=\sum_{j\in C}P_{i,j} \quad (i\in T),$$

(7.27) $\quad \pi_i(n)(C) = \sum_{j \in T} P_{i,j} \pi_j(n-1)(C) \quad (n \geq 2)$,

(7.28) $\quad \pi_i(C) = \sum_{n=1}^{\infty} \pi_i(n)(C)$

とおくと，$\pi_i(n)(C)$ は $i \in T$ から出発して，n 時間後に初めて C に吸収される確率であり，$\pi_i(C)$ は $i \in T$ から出発して，いつかは C に吸収される確率である．

(7.27) を用いて，(7.28) の右辺を書きなおすと，

$$\pi_i(C) = \pi_i(1)(C) + \sum_{n=2}^{\infty} \sum_{j \in T} P_{ij} \pi_j(n-1)(C)$$

$$= \pi_i(1)(C) + \sum_{j \in T} P_{i,j} \sum_{n=2}^{\infty} \pi_j(n-1)(C).$$

よって，$\pi_i(C)$ の満たすべき方程式

(7.29) $\quad \pi_i(C) = \sum_{j \in C} P_{i,j} + \sum_{j \in T} P_{i,j} \pi_j(C) \quad (i \in T)$

を得る．

(7.25) はこの方程式に対応する斉次方程式であるから (7.25) が零ベクトル以外に有界な解をもたない，すなわち一般的状態から出発した系はかならず，いつかは再帰的な組にはいるとすれば，$\pi_i(C)$ $(i \in T)$ は (7.29) の唯一つの有界な解である．

以上をまとめると，

定理 7.3. 系が $i \in T$ から出発して，ずっと T にとどまる確率 x_i は

(7.25) $\quad x_i = \sum_{j \in T} P_{i,j} x_j \quad (i \in T)$

の解である．

$i \in T$ から出発して，再帰的な組 C にいつかは吸収される確率 $\pi_i(C)$ は

(7.29) $\quad \pi_i(C) = \sum_{j \in C} P_{i,j} + \sum_{j \in T} P_{i,j} \pi_j(C) \quad (i \in T)$

の解である．ある $i \in T$ に対して $x_i > 0$ である場合を除き，$\pi_i(C)$ $(i \in T)$ は方程式 (7.29) の一意な有界な解である．

系 7.2. 有限マルコフ連鎖においては，すべての $i \in T$ に対して，$x_i = 0$，したがって $\pi_i(C)$ は (7.29) の一意な解である．

§7. 定常分布と吸収の確率

証明. T が N 個の状態 $(1, 2, \cdots, N)$ からなるとし，$(x_1, \cdots, x_N) \neq (0, 0, \cdots, 0)$ とする．

$$\max\{x_1, x_2, \cdots, x_N\} = M > 0$$

とおき，番号をつけかえて，

$$M = x_1 = \cdots = x_k > x_{k+1} \geqq \cdots \geqq x_N \geqq 0$$

とすると，$i \leqq k$ のとき，(7.25) から

(7.30) $\quad M = \sum_{j \in T} P_{i,j} x_j = M \sum_{j=1}^{k} P_{i,j} + \sum_{j=k+1}^{N} P_{i,j} x_j.$

いま，$x_{k+1} = \cdots = x_N = 0$ とすれば，

$$M = M \sum_{j=1}^{k} P_{i,j}.$$

よって $\sum_{j=1}^{k} P_{i,j} = 1$ $(i = 1, 2, \cdots, k)$．

したがって $(1, 2, \cdots, k)$ は閉じた集合となる．有限連鎖ではすべてが一時的であることは不可能であるから，これは不合理である ($x_1 = x_2 = \cdots = x_N$ のときも同様)．

よって $x_{k+1} > 0$ と仮定してよい．もし $j \geqq k+1$ なるある j に対して $P_{i,j} > 0$ とすると，(7.30) から，

$$M \leqq M \sum_{j=1}^{k} P_{i,j} + x_{k+1} \sum_{j=k+1}^{N} P_{i,j} < M \sum_{j=1}^{N} P_{i,j} \leqq M$$

となり不合理である．よって，

$$P_{i,j} = 0 \quad i = 1, 2, \cdots, k, \ j = k+1, \cdots, N.$$

(7.30) から，またも

$$\sum_{j=1}^{k} P_{i,j} = 1 \quad (i = 1, 2, \cdots, k)$$

が得られ，またまた不合理となる． (証明終)

例 7.2. 破産の問題 ($a+1$ 個の状態)

$$P_{i,i+1} = p, \quad P_{i,i-1} = q \quad (1 \leqq i \leqq a-1) \quad (p + q = 1),$$
$$P_{0,0} = 1, \quad P_{a,a} = 1$$

において，吸収の確率 $u_i = \pi_i(C_0)$, $v_i = \pi_i(C_a)$．

$(C_0 = \{0\}, \ C_a = \{a\})$ を求めてみよう．なお $0, a$ はともに吸収状態，したが

って再帰的で，他はすべて一時的である．

方程式 (7.29) は，

(7.31) $\quad u_1 = q + pu_2,$

(7.32) $\quad u_i = qu_{i-1} + pu_{i+1} \quad (2 \leq i \leq a-2),$

(7.33) $\quad u_{a-1} = qu_{a-2}.$

$u_i = x^i$ とおき，(7.32) に代入して，整理にすると，

(7.34) $\quad px^2 - x + q = 0.$

これを解いて，$x = 1, q/p.$

$p \neq q$ のときは，(7.32) の解は，

$$u_i = A + B\left(\frac{q}{p}\right)^i.$$

定数 A, B は境界条件 (7.31), (7.33) を満たすように定めると，

$$A = \frac{q^a}{q^a - p^a}, \qquad B = \frac{-p^a}{q^a - p^a}.$$

よって

(7.35) $\quad u_i = \dfrac{(q/p)^a - (q/p)^i}{(q/p)^a - 1} \quad (p \neq q).$

$p = q$ のときは，$x = 1$ は (7.34) の 2 重根であるから $u_i = A + B \cdot i$ の形である．(7.31), (7.33) に代入して，

$$A = 1, \quad B = -\frac{1}{a}.$$

よって

(7.36) $\quad u_i = 1 - \dfrac{i}{a} \quad \left(p = q = \dfrac{1}{2}\right).$

u_i と同様にして，v_i を求めると，

(7.37) $\quad v_i = 1 - u_i.$

これは C_0 または C_a に確実に吸収されることからも明らかである．

注．この例では C_0, C_a ともに一つの状態からなっており u_i, v_i はそれぞれ $f_{i,0}, f_{i,a}$ に等しい．

例 7.3．破産の問題 $(0, 1, 2, \cdots)$

$$P_{i,i+1} = p, \quad P_{i,i-1} = q \quad (p + q = 1, \ i \geq 1), \quad P_{0,0} = 1.$$

この場合は，0 が吸収状態で，他はすべて一時的である．
破産の確率（$\{0\}$ に吸収される確率）u_i に関する方程式は，
(7.38) $$u_1 = q + pu_2,$$
(7.39) $$u_i = qu_{i-1} + pu_{i+1} \quad (i \geq 2).$$
例 7.2 と同様にして，(7.39) から
(7.40) $$u_i = A + B\left(\frac{q}{p}\right)^i \quad (p \neq q); \quad u_i = A + Bi \quad (p = q).$$

$q \geq p$ のとき，u_i は有界であることから，$B = 0$．
(7.38) から $A = 1$，したがって，
(7.41) $$u_i = 1 \quad (i = 1, 2, \cdots) \quad (q \geq p).$$
すなわち，確実に破産する．

$q < p$ のときは，例 7.2 の (7.35) で $a \to \infty$ として，
$$u_i = \left(\frac{q}{p}\right)^i,$$
$$u_i = \begin{cases} 1 & (q \geq p), \\ (q/p)^i & (q < p), \end{cases} \quad (i = 1, 2, \cdots).$$

注．$q < p$ のときは，i から出発して，T にとどまる確率は $1 - (q/p)^i > 0$ である．この場合，方程式 (7.38)，(7.39) は 2 組の独立な有界な解 $\{1\}$，$\{(q/p)^i\}$ をもつ．

§8. マルコフ連鎖の再帰性

既約なマルコフ連鎖が再帰的か一時的かを判定する条件を推移確率を係数とする連立方程式の解についての条件で表わすことができる．

定理 8.1. 状態空間 $\{0, 1, 2, \cdots\}$ をもつ既約なマルコフ連鎖が一時的であるための必要十分条件は，連立方程式

(8.1) $$x_i = \sum_{j=1}^{\infty} P_{i,j} x_j \quad (i \geq 1)$$

が零ベクトルでない有界な解をもつことである（(8.1) の右辺の和では $j = 0$ を含まないことに注意）．

証明． $T = \{1, 2, 3, \cdots\}$ とおくと，(7.21)〜(7.25) と同様にして，
(8.2) $$x_i(1) = \sum_{j \in T} P_{i,j},$$

(8.3) $$x_i(n) = \sum_{j \in T} P_{i,j} x_j(n-1) \qquad (n \geq 2)$$

とおけば, $\lim_{n \to \infty} x_i(n) = x_i$ が存在し,

(8.4) $$x_i = \sum_{j \in T} P_{i,j} x_j$$

が成り立つ. x_i は系が i から出発して, いつまでも T にとどまる確率であるから,

(8.5) $$x_i = 1 - f_{i,0}$$

である.

連鎖が一時的ならば, ある i に対して $f_{i,0} < 1$ である. なんとなれば, もし, すべての $i \in T$ に対して,

(8.6) $$f_{i,0} = 1$$

が成り立つとする.

一般に,

(8.7) $$f_{0,0}(1) = P_{0,0},$$

(8.8) $$f_{0,0}(n) = \sum_{i \in T} P_{0,i} f_{i,0}(n-1),$$

(8.9) $$\begin{aligned}f_{0,0} &= f_{0,0}(1) + \sum_{n=2}^{\infty} f_{0,0}(n) = P_{0,0} + \sum_{i \in T} P_{0,i} \sum_{n=2}^{\infty} f_{i,0}(n-1), \\ &= P_{0,0} + \sum_{i \in T} P_{0,i} f_{i,0}\end{aligned}$$

が成り立つから, (8.6) から $f_{0,0} = \sum_{i=0}^{\infty} P_{0,i} = 1$. すなわち 0 は再帰的となり仮定に反す. よって $\{1 - f_{i,0}\}$ は零ベクトルでない (8.1) の解である.

逆に (8.1) が零ベクトルでない有界な解 $\{y_j\}$ を持つとする. 一般性を失うことなく $|y_j| \leq 1$ $(j=1, 2, \cdots)$ と仮定してよい.

(8.1) から
$$|y_i| \leq \sum_{j \in T} P_{i,j} |y_j| \leq \sum_{j \in T} P_{i,j} = x_i(1),$$
$$|y_i| \leq \sum_{j \in T} P_{i,j} x_j(1) = x_i(2).$$

以下同様にして

(8.10) $$|y_i| \leq x_i(n).$$

$n \to \infty$ として

§8. マルコフ連鎖の再帰性

(8.11) $$|y_i| \leq x_i = 1 - f_{i,0}.$$

よって, ある i に対して $f_{i,0} < 1$. したがって定理 5.5 から, 連鎖は一時的である (再帰的なら, すべての i に対して $f_{i,0} = 1$). (証明終)

系 8.1. 既約なマルコフ連鎖が一時的であるための必要十分条件は, 連立方程式

(8.12) $$y_i = \sum_{j=0}^{\infty} P_{i,j} y_j \quad (i \geq 1)$$

が, 定数でない有界な解をもつことである.

証明. 系が一時的なら, $y_i = f_{i,0}$ $(i \geq 1)$, $y_0 = 1$ が条件に適する解. 逆に (8.12) が定数でない有界な解 $\{y_i\}$ をもつときは, $x_i = y_i - y_0$ $(i \geq 1)$ を考えて, 定理 8.1 を適用すればよい.

定理 8.2. 既約なマルコフ連鎖に対して,

(8.13) $$\sum_{j=0}^{\infty} P_{i,j} y_j \leq y_i \quad (i \geq 1),$$

(8.14) $$\lim_{i \to \infty} y_i = \infty$$

を満たす数列 $\{y_i\}$ が存在すれば, この連鎖は再帰的である.

証明.
$$\boldsymbol{P} = [P_{i,j}] = \begin{bmatrix} P_{0,0} & P_{0,1} \cdots \\ P_{1,0} & P_{1,1} \cdots \\ \cdots\cdots\cdots\cdots \end{bmatrix}$$

に対して
$$\widetilde{\boldsymbol{P}} = [\widetilde{P}_{i,j}] = \begin{bmatrix} 1 & 0 & 0 & \cdots \\ P_{1,0} & P_{1,1} & P_{1,2} \cdots \\ P_{2,0} & P_{2,1} & P_{2,2} \cdots \\ \cdots\cdots\cdots\cdots\cdots\cdots \end{bmatrix}.$$

(8.15) $\widetilde{P}_{i,j} = P_{i,j}$ $(i \geq 1)$, $\widetilde{P}_{0,0} = 1$ $\widetilde{P}_{0,j} = 0$ $(j \geq 1)$

を考える.

(8.13) から, 今度は**すべての** i に対して,

(8.16) $$\sum_{j=0}^{\infty} \widetilde{P}_{i,j} y_j \leq y_i$$

が成り立ち, $\{Z_i = y_i + b\}$ も (8.16), (8.14) を満たすから $y_i > 0$ $(i = 0, 1, 2, \cdots)$ と仮定してよい.

(8.14) から,$\varepsilon>0$ に対して $k(\varepsilon)=k$ を適当にとり,$i\geqq k$ なるすべての i について,

(8.17) $$y_i^{-1}<\varepsilon$$

が成り立つようにできる.

さて,(8.16) から,任意の $m\geqq 1$ に対して

(8.18) $$\sum_{j=0}^{\infty}\widetilde{P}_{i,j}(m)y_j\leqq y_i,$$

(8.19) $$\sum_{j=0}^{k-1}\widetilde{P}_{i,j}(m)y_j+\min_{j\geqq k}\{y_j\}\sum_{j=k}^{\infty}\widetilde{P}_{i,j}(m)\leqq y_i,$$

$$\sum_{j=0}^{\infty}\widetilde{P}_{i,j}(m)=1$$

であるから,

(8.20) $$\sum_{j=0}^{k-1}\widetilde{P}_{i,j}(m)y_j+\min_{j\geqq k}\{y_j\}\left(1-\sum_{j=0}^{k-1}\widetilde{P}_{i,j}(m)\right)\leqq y_i.$$

さて,与えられたマルコフ連鎖は既約であるから,i に対して

$$P_{i,0}(n)>0 \quad (n\geqq 1)$$

なる n が存在する.したがって,$\widetilde{\boldsymbol{P}}$ を推移確率行列とするマルコフ連鎖においては,状態 j ($j=1,2,\cdots$) はすべて一時的である.よって,定理 6.3 より,

(8.21) $$\lim_{n\to\infty}\widetilde{P}_{i,j}(n)=0 \quad (j\geqq 1),$$

(8.22) $$\lim_{n\to\infty}\widetilde{P}_{i,0}(n)=\widetilde{f}_{i,0}\widetilde{\mu}_0^{-1}=\widetilde{f}_{i,0}.$$

(8.20) で $m\to\infty$ とすれば,

(8.23) $$\widetilde{f}_{i,0}y_0+\min_{j\geqq k}\{y_j\}(1-\widetilde{f}_{i,0})\leqq y_i,$$

(8.24) $$0\leqq 1-\widetilde{f}_{i,0}\leqq[\min_{j\geqq k}\{y_j\}]^{-1}\{y_i-\widetilde{f}_{i,0}y_0\}\leqq\varepsilon\{y_i-\widetilde{f}_{i,0}y_0\}.$$

ε は任意であるから,$\widetilde{f}_{i,0}=1$ ($i\geqq 1$),$i\geqq 1$ に対しては,$f_{i,0}(n)=\widetilde{f}_{i,0}(n)$ ($n\geqq 1$) であるから,

$$f_{i,0}=\widetilde{f}_{i,0}=1.$$

よって,(8.9) から $f_{0,0}=1$ となり,与えられた連鎖は再帰的である.

(証明終)

§8. マルコフ連鎖の再帰性

例 8.1. 第2章の例(p.23, 待ち行列)を考えよう. 推移確率行列は,

$$[P_{i,j}] = \begin{bmatrix} p_0 & p_1 & p_2 & p_3 \cdots \\ p_0 & p_1 & p_2 & p_3 \cdots \\ 0 & p_0 & p_1 & p_2 \cdots \\ 0 & 0 & p_0 & p_1 \cdots \\ \cdots\cdots\cdots\cdots \end{bmatrix}, \quad p_j > 0, \quad \sum_{j=0}^{\infty} p_j = 1.$$

(つぎの議論では, $0 < p_0 < 1$, $p_0 + p_1 < 1$, $\sum_{j=0}^{\infty} p_j = 1$ だけを使う. この場合もこのマルコフ連鎖は既約である.)

確率分布 $\{p_0, p_1, p_2, \cdots\}$ の母関数を $f(s) = \sum_{j=0}^{\infty} p_j s^j$ とする.

方程式 (8.12) において, $x_i = s^i$ とおけば,

$$(8.25) \quad s^i = \sum_{j=0}^{\infty} P_{i,j} s^j = \sum_{j=i-1}^{\infty} p_{j-i+1} s^j \quad (i \geq 1).$$

両辺を s^{i-1} で割って,

$$(8.26) \quad s = \sum_{j=i-1}^{\infty} p_{j-i+1} s^{j-i+1} = \sum_{j=0}^{\infty} p_j s^j = f(s).$$

さて, $f(s)$ の係数が非負であることに注意すると, $f'(1) = \sum_{j=1}^{\infty} j p_j > 1$ のときは $0 < f(0) = p_0 < 1$, $f(1) = 1$ から,

$$(8.27) \quad f(s_0) = s_0, \quad 0 < s_0 < 1$$

なる s_0 が存在することは容易にわかる.

$$(8.28) \quad x_i = s_0{}^i$$

とおけば, $\{x_i\}$ は系 8.1 の条件を満たす (8.1) の解である. したがって, この場合, 連鎖は一時的である.

$\sum_{j=1}^{\infty} j p_j \leq 1$ のときは, $y_i = i$ とおくと,

$$(8.29) \quad \begin{aligned} \sum_{j=0}^{\infty} P_{i,j} j &= \sum_{j=i-1}^{\infty} p_{j-i+1} j = \sum_{j=i-1}^{\infty} p_{j-i+1}(j-i+1) + i - 1 \\ &= \sum_{j=1}^{\infty} j p_j + i - 1 \leq i. \end{aligned}$$

よって, 定理 8.2 から, この連鎖は再帰的である.

$\sum_{j=1}^{\infty} j p_j \leq 1$ のとき, さらに正状態か零状態かを調べるために, 待ち行列や分枝過程で用いられる独立変数の和に関する母関数の方法を用いよう.

状態 i から出発して,状態 j に初めて到達する時刻を $T_{i,j}$ とすると,

(8.30) $$\Pr\{T_{i,j}=n\}=f_{i,j}(n).$$

いまの場合,再帰的であるから $f_{i,j}=\sum_{n=1}^{\infty}f_{i,j}(n)=1$, したがって,$T_{i,j}$ は普通の意味の確率変数である.

とくに $T_{i,0}$ を考える.推移確率行列の形から,1段階では,状態 j からは,$j-2$ 以下の状態には移らない.したがって,i から 0 に到達するには,$i-1$,$i-2$, $\cdots$, 2, 1 を通らなければならない.よって,i から 0 に初めて到達する標本は,

$$i, \times\times\times (i-1) \times\times\times (i-2) \times\cdots\times 2\times\times\cdots\times 1\times\times\cdots\times 0$$

のような形である.ここに k の前の × 印は $k+1$ 以上の状態を示す.したがって,

(8.31) $$T_{i,0}=T_{i,i-1}+T_{i-1,i-2}+\cdots+T_{1,0}.$$

一方 $T_{j,j-1}$ の分布は j に依存しないで

(8.32) $$\Pr\{T_{j,j-1}=n\}=f_{j,j-1}(n)=f_{1,0}(n).$$

さらに,i 個の確率変数 $T_{j,j-1}$ は独立である.そこで,$T_{i,j}$ の母関数を

$$\begin{array}{c|ccc} & j-1, & j & \\ \hline j & p_0, & p_1, & p_2\cdots \\ & \cdots & p_0, & p_1\cdots \\ & & & \ddots \end{array}$$

(8.33) $$F_{i,j}(s)=\sum_{n=1}^{\infty}f_{i,j}(n)s^n$$

とおくと,

(8.34) $$F_{i,0}(s)=[F_{1,0}(s)]^i.$$

すなわち

$$\sum_{n=1}^{\infty}f_{i,0}(n)s^n=\left[\sum_{m=1}^{\infty}f_{1,0}(m)s^m\right]^i.$$

さて,

(8.35) $$f_{1,0}(1)=p_0, \quad f_{1,0}(m+1)=\sum_{k=1}^{\infty}p_k f_{k,0}(m),$$

(8.36) $$f_{0,0}(1)=p_0, \quad f_{0,0}(m+1)=\sum_{k=1}^{\infty}p_k f_{k,0}(m)$$

から

(8.37) $$f_{1,0}(n)=f_{0,0}(n) \quad (n=1,2,\cdots).$$

§ 8. マルコフ連鎖の再帰性

(8.35) を用いて，$F_{1,0}(s)$ を変形すると，

(8.38)
$$\begin{aligned}F_{1,0}(s) &= p_0 s + \sum_{m=2}^{\infty}\left(\sum_{k=1}^{\infty} p_k f_{k,0}(m-1)\right)s^m \\ &= p_0 s + \sum_{k=1}^{\infty} p_k \sum_{m=2}^{\infty} f_{k,0}(m-1) s^m \\ &= p_0 s + s\sum_{k=1}^{\infty} p_k F_{k,0}(s).\end{aligned}$$

(8.34) から

$$F_{1,0}(s) = s\left\{p_0 + \sum_{k=1}^{\infty} p_k (F_{1,0}(s))^k\right\}.$$

すなわち

(8.39) $$F_{1,0}(s) = s f(F_{1,0}(s))$$

が成り立つ．これが基本の関係式である．

(8.39) を s で微分して，$F_{1,0}'(s)$ を求めると，

(8.40) $$F_{1,0}'(s) = \frac{f(F_{1,0}(s))}{1 - s f'(F_{1,0}(s))} \qquad (0 \leq s < 1)$$

($f'(F_{1,0}(s)) \leq f'(F_{1,0}(1)) = f'(1) \leq 1$ に注意)．

$f'(1) < 1$ のときは，$s \uparrow 1$ として，

(8.41) $$F_{1,0}'(1) = \frac{1}{1 - f'(1)}.$$

$f'(1) = 1$ のときは

(8.42) $$F_{1,0}'(1) = \infty.$$

(8.37) から $F_{1,0}(s) = F_{0,0}(s)$ であるから，

$$F_{1,0}'(1) = F_{0,0}'(1) = \sum_{n=1}^{\infty} n f_{0,0}(n) = \mu_0.$$

以上をまとめると，

$$\left.\begin{aligned}\sum_{j=1}^{\infty} j p_j < 1 &\implies \text{正状態} \\ \sum_{j=1}^{\infty} j p_j = 1 &\implies \text{零状態}\end{aligned}\right\} \text{再帰的,}$$

$$\sum_{j=1}^{\infty} j p_j > 1 \implies \text{一時的.}$$

例 8.2. 待ち行列

過程の状態は窓口に並んでいる人数とし，単位時間ごとに1人の客がやって来て，窓口に少なくとも j 人いるときは確率 p_j で j 人の客がサービスを受けるものとする．

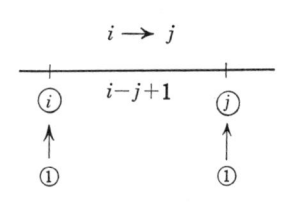

このときの推移確率行列は

$$[P_{i,j}] = \begin{bmatrix} \sum_{j=1}^{\infty} p_j, & p_0, & 0, & 0 \cdots \\ \sum_{j=2}^{\infty} p_j, & p_1, & p_0, & 0 \cdots \\ \sum_{j=3}^{\infty} p_j, & p_2, & p_1, & p_0 \cdots \\ \multicolumn{4}{c}{\cdots\cdots\cdots\cdots\cdots\cdots} \end{bmatrix}, \quad p_j > 0, \quad \sum_{j=0}^{\infty} p_j = 1,$$

$$\left(P_{i,0} = \sum_{j=i+1}^{\infty} p_j, \quad P_{i,j} = p_{i-j+1} \quad (i \geq 0, \ 0 < j \leq i+1) \right).$$

この場合，明らかに既約である．

$\sum_{j=1}^{\infty} j p_j > 1$ のときは，定常分布が存在する（したがって正状態である）ことを示そう．

例 8.1 のときと同様に，この場合は，

$$s_0 = f(s_0), \quad 0 < s_0 < 1$$

なる s_0 が存在する．

$\{s_0^i\}$ $(i = 0, 1, 2, \cdots)$ が定常な分布の方程式

(8.43) $$\sum_{i=0}^{\infty} \pi_i P_{i,j} = \pi_j$$

の解であることがいえる．すなわち，

$j \geq 1$ のときは，

$$f(s_0) = \sum_{i=j-1}^{\infty} s_0^{i-j+1} p_{i-j+1} = s_0.$$

両辺に s_0^{j-1} を掛けると

$$\sum_{i=j-1}^{\infty} s_0^i p_{i-j+1} = s_0^j.$$

§ 8. マルコフ連鎖の再帰性

これは $j \geq 1$ のときの (8.43) である.
$j = 0$ については,

$$\sum_{i=0}^{\infty} s_0{}^i P_{i,0} = \sum_{i=0}^{\infty} \left(\sum_{k=i+1}^{\infty} p_k \right) s_0{}^i = \sum_{k=1}^{\infty} p_k \left(\sum_{i=0}^{k-1} s_0{}^i \right)$$

$$= \sum_{k=1}^{\infty} p_k \frac{1 - s_0{}^k}{1 - s_0} = \frac{1}{1 - s_0} \left\{ 1 - p_0 - \sum_{k=1}^{\infty} p_k s_0{}^k \right\}$$

$$= \frac{1}{1 - s_0} \{ 1 - p_0 - (s_0 - p_0) \} = 1 = s_0{}^0.$$

したがって, $\pi_i = (1 - s_0) s_0{}^i$ $(i = 0, 1, 2, \cdots)$ が定常な分布である.

つぎに $\sum_{j=1}^{\infty} j p_j \leq 1$ の場合を調べよう.

$j \geq 1$ に対する定常な分布の方程式,

(8.43) $$\sum_{i=0}^{\infty} \pi_i P_{i,j} = \pi_j$$

は

(8.44) $$\sum_{j=0}^{\infty} \widetilde{P}_{i,j} \pi_j = \pi_i \qquad (i \geq 1)$$

と同値である. ここに $\widetilde{P}_{i,j}$ は例 8.1 の推移確率である (この意味で例 8.2 は例 8.1 の共役なマルコフ連鎖である).

$\sum_{j=1}^{\infty} j p_j \leq 1$ のときは, $\widetilde{P}_{i,j}$ に対応する連鎖は再帰的であったから, 系 8.1 から, (8.44) は定数でない有界な解をもたない. よって, (8.43) は定数しか有界な解はない. 特に定常な分布は存在しない. したがって, 一時的かまたは零状態である.

$\sum_{j=1}^{\infty} j p_j < 1$, $\sum_{j=1}^{\infty} j p_j = 1$ の場合を調べるのに定理 8.1 を使う.

まず, $f'(1) = \sum_{j=1}^{\infty} j p_j \leq 1$ から $f(s) - s$ は減少関数, したがって $f(s) - s > 0$ $(0 \leq s < 1)$ である.

定理 8.1 の方程式

(8.1) $$\sum_{j=1}^{\infty} P_{i,j} x_j = x_i \qquad (i \geq 1)$$

は

$$p_1 x_1 + p_0 x_2 = x_1,$$
$$p_2 x_1 + p_1 x_2 + p_0 x_3 = x_2,$$
(8.45)
$$\dots\dots\dots\dots\dots\dots\dots,$$
$$p_n x_1 + p_{n-1} x_2 + \cdots + p_0 x_{n+1} = x_n,$$
$$\dots\dots\dots\dots\dots\dots\dots\dots$$

となる. $X(s) = \sum_{k=1}^{\infty} x_k s^k$ とおくと,

(8.46)
$$X(s)f(s) = \sum_{k=1}^{\infty} \left(\sum_{j=1}^{k} x_j p_{k-j} \right) s^k = x_1 p_0 s + \sum_{k=2}^{\infty} x_{k-1} s^k$$
$$= p_0 x_1 s + s X(s).$$

よって

(8.47)
$$X(s) = \frac{p_0 x_1 s}{f(s) - s} \qquad (0 < s < 1).$$

右辺の冪級数展開の係数を調べる.

(8.48)
$$\frac{f(s) - s}{1 - s} = 1 - \frac{1 - f(s)}{1 - s} = 1 - [f(1) - f(s)] \sum_{k=0}^{\infty} s^k$$
$$= 1 - \sum_{k=0}^{\infty} \left[f(1) - \sum_{j=0}^{k} p_j \right] s^k$$
$$= 1 - \sum_{k=0}^{\infty} \left(\sum_{j=k+1}^{\infty} p_j \right) s^k.$$

$W_k = \sum_{j=k+1}^{\infty} p_j$, $W(s) = \sum_{k=0}^{\infty} W_k s^k$ とおくと,

(8.49)
$$f(s) - s = (1 - s)(1 - W(s)),$$

(8.50)
$$W_k > 0, \quad \sum_{k=0}^{\infty} W_k = \sum_{k=0}^{\infty} k p_k \leq 1,$$

(8.51)
$$U(s) = \frac{1}{1 - W(s)} = \sum_{k=0}^{\infty} [W(s)]^k = \sum_{k=0}^{\infty} u_k s^k,$$

(8.52)
$$V(s) = \frac{U(s)}{1 - s} = \sum_{k=0}^{\infty} v_k s^k$$

とおくと

(8.53)
$$v_k = \sum_{j=0}^{k} u_j,$$

§ 8. マルコフ連鎖の再帰性

(8.54) $$X(s) = \frac{p_0 x_1 s}{(1-s)(1-W(s))} = p_0 x_1 s V(s).$$

$V(s)$ の係数は (8.53) から $U(1)$ に収束する増加列である.

したがって, $X(s)$ の係数が有界であるための必要十分条件は $U(1) < \infty$ であるが, (8.51) から, この条件は,

$$W(1) < 1 \quad \text{すなわち} \quad \sum_{k=0}^{\infty} W_k = \sum_{k=0}^{\infty} k p_k < 1$$

と同値である.

よって, $\sum_{j=1}^{\infty} j p_j < 1$ なら, $x_1 \neq 0$, $x_j = p_0 x_1 v_{j-1}$ が零ベクトルでない (8.1) の有界な解である.

$\sum_{j=1}^{\infty} j p_j = 1$ なら零ベクトル以外に有界な解はない.

以上をまとめると,

$$\sum_{j=1}^{\infty} j p_j < 1 \implies \text{一時的},$$

$$\sum_{j=1}^{\infty} j p_j = 1 \implies \text{零状態},$$

$$\sum_{j=1}^{\infty} j p_j > 1 \implies \text{正状態}.$$

例 8.3. ランダム・ウォーク

$$[P_{i,j}] = \begin{bmatrix} r_0 & p_0 & 0 & 0 & \cdots \\ q_1 & r_1 & p_1 & 0 & \cdots \\ 0 & q_2 & r_2 & p_2 & \cdots \\ \multicolumn{5}{c}{\dotfill} \end{bmatrix}, \quad \begin{matrix} p_k > 0, \ q_k > 0, \\ p_k + r_k + q_k = 1 \quad (q_0 = 0) \end{matrix}$$

なる反射壁をもつランダム・ウォークを考える.

系 8.1 の方程式,

(8.12) $$\sum_{j=0}^{\infty} P_{i,j} y_j = y_i \quad (i \geq 1)$$

は

(8.55) $$q_i y_{i-1} + r_i y_i + p_i y_{i+1} = y_i \quad (i = 1, 2, \cdots)$$

となる. 明らかに $y_i \equiv 1$ は (8.55) の解である. また,

(8.56) $$y_0 = 0, \quad y_i = \sum_{j=0}^{i-1} \frac{1}{p_j \pi_j}$$

$$\left(\text{ただし } \pi_0=1,\ \pi_n=\frac{p_1 p_2 \cdots p_{n-1}}{q_1 q_2 \cdots q_n}\ (n\geqq 1)\right).$$

も (8.55) の解であることが容易に確かめられる.

上の二つの解は1次独立であるから,一般解は,

$$x_i = \alpha + \beta y_i.$$

(8.12) が定数でない有界な解をもつための必要十分条件は,

(8.57) $$\sum_{i=0}^{\infty}\frac{1}{p_i \pi_i}<\infty$$

である.

つぎに定常な分布の方程式

(7.1) $$\sum_{i=0}^{\infty} x_i P_{i,j} = x_j$$

は

(8.58) $$r_0 x_0 + q_1 x_1 = x_0,$$

(8.59) $$p_{j-1} x_{j-1} + r_j x_j + q_{j+1} x_{j+1} = x_j \qquad (j\geqq 1).$$

これを解けば

(8.60) $$x_j = \frac{p_0 p_1 \cdots p_{j-1}}{q_1 q_2 \cdots q_j} x_0 = x_0 p_0 \pi_j.$$

よって,定常な分布が存在するための必要十分条件は,

(8.61) $$\sum_{i=0}^{\infty} \pi_j <\infty.$$

以上から,

$$\sum_{i=0}^{\infty}\frac{1}{p_i \pi_i}<\infty \implies \text{一時的},$$

$$\left.\begin{array}{l}\sum_{i=0}^{\infty}\frac{1}{p_i \pi_i}=\infty,\ \sum_{i=0}^{\infty}\pi_i=\infty \implies \text{零状態}\\ \sum_{i=0}^{\infty}\frac{1}{p_i \pi_i}=\infty,\ \sum_{i=0}^{\infty}\pi_i<\infty \implies \text{正状態}\end{array}\right\}\text{再帰的}.$$

特に $p_k=p>0$, $q_k=q>0$ のときは,$q<p$ のとき一時的,$q=p$ のとき零状態,$q>p$ のとき正状態である.

問 題 2

1. 次のマルコフ連鎖に対する推移確率を求めよ：

（i） 表の出る確率が p $(0<p<1)$ である硬貨を投げ続けるものとする．時刻 n （硬貨を n 回投げた時）における系の状態は表の出た回数から裏の出た回数を引いたものとする．

（ii） 白球，黒球がともに N 個あり，これらを2つの壺 A, B に N 個ずつ入れてあるとする．いま1個の球をそれぞれの壺から無作意に取り出して，球を壺に入れかえる．系の状態は A の中の白球の数とする．

2. 次の行列で定まるマルコフ連鎖の状態を組分けせよ：

（i） $\begin{bmatrix} 0 & \frac{1}{3} & \frac{2}{3} \\ \frac{2}{3} & 0 & \frac{1}{3} \\ \frac{1}{3} & \frac{2}{3} & 0 \end{bmatrix}$, （ii） $\begin{bmatrix} 0 & 0 & 0 & 1 \\ 0 & 0 & 0 & 1 \\ \frac{1}{2} & \frac{1}{2} & 0 & 0 \\ 0 & 0 & 1 & 0 \end{bmatrix}$, （iii） $\begin{bmatrix} \frac{3}{5} & 0 & \frac{2}{5} & 0 & 0 \\ \frac{1}{5} & \frac{3}{5} & \frac{1}{5} & 0 & 0 \\ \frac{1}{5} & 0 & \frac{4}{5} & 0 & 0 \\ 0 & 0 & 0 & \frac{3}{5} & \frac{2}{5} \\ 0 & 0 & 0 & \frac{2}{5} & \frac{3}{5} \end{bmatrix}$.

3. 基本公式

$$P_{i,j}(n) = \sum_{m=1}^{n} f_{i,j}(m) P_{j,j}(n-m)$$

を用いて，次の不等式を証明せよ．

$N > N'$ のとき

$$\left(1 + \sum_{n=1}^{N} P_{j,j}(n)\right) \sum_{m=1}^{N} f_{i,j}(m) \geq \sum_{n=1}^{N} P_{i,j}(n) \geq \left(1 + \sum_{n=1}^{N-N'} P_{j,j}(n)\right) \sum_{m=1}^{N'} f_{i,j}(m).$$

4. マルコフ連鎖 $\{P_{i,j}\}$ において

$$f_{i,j} = \lim_{N \to \infty} \frac{\sum_{n=1}^{N} P_{i,j}(n)}{1 + \sum_{n=1}^{N} P_{j,j}(n)}$$

が成り立つことを示せ．これを用いて，定理 5.1 を証明せよ．

5. 状態 j が一時的ならば，

$$\sum_{n=1}^{\infty} P_{i,j}(n) < \infty$$

であることを示せ．

6. つぎの等式を証明せよ：

$$\sum_{n=1}^{\infty} P_{i,j}(n) = f_{i,j} \sum_{n=0}^{\infty} P_{j,j}(n).$$

ただし, $P_{j,j}(0)=1$, 両辺が ∞ になる場合もゆるす.

7. 次の不等式が成り立つことを示せ:

$$\sup_n P_{i,j}(n) \leqq f_{i,j} \leqq \sum_{n=1}^{\infty} P_{i,j}(n).$$

これを用いて,

(i) $i \to j$ なるための必要十分条件は $f_{i,j} > 0$,

(ii) $i \leftrightarrow j$ なるための必要十分条件は $f_{i,j} f_{j,i} > 0$

であることを示せ. ($i=j$ のときは $\sup P_{ii}(n) > 0$ とする.)

8. $a_n \geqq 0$ $(n=1, 2, \cdots)$ のとき,

$$A(z) = \sum_{n=0}^{\infty} a_n z^n$$

とおくと,

$$\lim_{z \to 1-0} (1-z)A(z) = L \quad \text{と} \quad \lim_{n \to \infty} \frac{1}{n} \sum_{m=1}^{n} a_m = L$$

は同値であることを用いて,

$$\lim_{n \to \infty} \frac{1}{n} \sum_{m=1}^{n} P_{j,j}(m) = \frac{1}{\mu_j},$$

$$\lim_{n \to \infty} \frac{1}{n} \sum_{m=1}^{n} P_{i,j}(m) = \frac{f_{i,j}}{\mu_j}$$

が成り立つことを示せ, ここで $\mu_j = \sum_{n=1}^{\infty} n f_{j,j}(n) < \infty$ とする.

9. 次のことを証明せよ:

$n \to \infty$ のとき,

(i) $P_{j,j}(n) \to \pi_j$ ならば $P_{i,j}(n) \to f_{i,j} \pi_j$,

(ii) $\frac{1}{n} \sum_{m=1}^{n} P_{j,j}(m) \to \pi_j$ ならば $\frac{1}{n} \sum_{m=1}^{n} P_{i,j}(m) \to f_{i,j} \pi_j$.

10. i が任意の状態で, j と k が同じ再帰的な組に属するときは,

$$f_{i,j} = f_{i,k}$$

であることを示せ.

11. 有限マルコフ連鎖では, 状態 i が一時的であるための必要十分条件は, $i \to j$ であるが $j \not\to i$ なる状態 j が存在することである. このことを証明せよ.

12. 既約な有限マルコフ連鎖が非周期的であるための必要十分条件は, 適当な n をとると, すべての i, j に対して,

$$P_{i,j}(n) > 0$$

であることを示せ.

13. 少なくとも一つの j に対して $P_{j,j} > 0$ である既約なマルコフ連鎖は非周期的である.

14. n 個の状態からなる有限マルコフ連鎖においては次のことが成り立つことを証明せよ:

（i） 状態 j が状態 i から到達可能ならば,
$$\max_{1\leq l\leq n} P_{i,j}(l)>0,$$
（ii） 状態 j が再帰的ならば, $l>n$ に対し,
$$\sum_{m=l+1}^{\infty} f_{j,j}(m) \leq \alpha^l \quad (0<\alpha<1)$$
なる α が存在する.

15. 既約な有限マルコフ連鎖は正であることを証明せよ.

16. 状態 $0,1,2,\cdots,a$ をもつ有限マルコフ連鎖で,
$$P_{0,1}=1,\ P_{j,j+1}=1-\frac{j}{a},\ P_{j,j-1}=\frac{j}{a} \quad (1\leq j\leq a-1),$$
$$P_{a,a-1}=1$$
のとき, 定常な分布は2項分布
$$\pi_j = \binom{a}{j} 2^{-j}$$
で与えられることを証明せよ.

17. 既約な N 個の状態からなる非周期的な有限マルコフ連鎖の推移確率行列 $\{P_{i,j}\}$ が
$$\sum_{i=1}^{N} P_{i,j} = 1 \quad (j=1,2,\cdots,N)$$
を満たすとき(2重確率行列), 任意の i,j に対して,
$$\lim_{n\to\infty} P_{i,j}(n) = \frac{1}{N}$$
が成り立つことを示せ.

18. 既約なマルコフ連鎖の推移確率 P が,
$$P^2 = P$$
を満たすときは, この連鎖は非周期的で, 任意の i,j に対して
$$P_{i,j} = P_{j,j}$$
が成り立つことを証明せよ.

19. 一時的状態 i から再帰的状態に吸収されるまでの時間を W_i とするとき, すべての一時的状態 i に対して平均吸収時間 $E(W_i)=m_i$ はつぎの方程式を満たすことを証明せよ:
$$m_i = 1 + \sum_{j\in T} P_{i,j} m_j.$$
ここで, T はすべての一時的状態の集合である. なお, いつまでも一時的状態をさまよう確率は0と仮定する.

20. $P_{i,i+1}=p,\ 0<p<1,$
$P_{i,i-1}=q=1-p,$ $\quad (i=1,2,\cdots,(a-1)),$
$P_{0,0}=1,\ P_{a,a}=1$

の時, 状態 k から出発して 0 または a に吸収されるまでの時間 W_k の平均値 $E(W_k)$

を求めよ. また $a\to\infty$ のとき $E(W_k)$ の極限値を求めよ $(0<k<a)$.

21. 既約な正のマルコフ連鎖において, 状態 i から出発して, 固定した状態 k に初めて到達する時間の平均値を $m_{i,k}$ とする.

$$m_{i,k}=\sum_{n=1}^{\infty}nf_{i,k}(n),$$

$$P'_{k,k}=1, \quad P'_{k,j}=0 \quad (j \ne k); \quad P'_{i,j}=P_{i,j} \quad (i \ne k)$$

なる新しい推移確率を考えることにより, $m_{i,k}$ は次の方程式の解であることを示せ.

$$m_{i,k}=1+\sum_{j \ne k}P_{i,j}m_{j,k} \quad (i \ne k).$$

22. 既約な正のマルコフ連鎖において, 状態 i から出発して n 回目の状態 k への到達時間を $W_{i,k}(n)$ とし,

$$T_1=W_{i,k}(1), \quad T_p=W_{i,k}(n)-W_{i,k}(n-1) \quad (n \geq 2)$$

とおくとき, $T_1, T_2, T_3, \cdots$ は独立であり,

$$P(T_n=m)=f_{k,k}(m) \quad (n \geq 2)$$

であることを示せ.

23. 次のマルコフ連鎖の組分けと状態の分類をせよ.

(i) $\begin{bmatrix} 1 & 0 & 0 & 0 & 0 & 0 \\ 0 & 1 & 0 & 0 & 0 & 0 \\ \frac{1}{4} & 0 & \frac{1}{2} & 0 & 0 & \frac{1}{4} \\ 0 & \frac{1}{4} & 0 & \frac{1}{2} & 0 & \frac{1}{4} \\ 0 & 0 & 0 & 0 & 0 & 1 \\ \frac{1}{16} & \frac{1}{16} & \frac{1}{4} & \frac{1}{4} & \frac{1}{8} & \frac{1}{4} \end{bmatrix}$,

$s=\{1,2,3,4,5,6\}$

(ii) $\begin{bmatrix} \frac{1}{3} & \frac{1}{3} & \frac{1}{3} & 0 & 0 & 0 & 0 \\ \frac{1}{3} & \frac{1}{3} & \frac{1}{3} & 0 & 0 & 0 & 0 \\ \frac{1}{3} & \frac{1}{3} & \frac{1}{3} & 0 & 0 & 0 & 0 \\ 0 & \frac{1}{4} & 0 & \frac{1}{2} & 0 & 0 & \frac{1}{4} \\ 0 & 0 & \frac{1}{4} & 0 & \frac{1}{2} & 0 & \frac{1}{4} \\ 0 & 0 & 0 & 0 & 0 & 0 & 1 \\ 0 & \frac{1}{16} & \frac{1}{16} & \frac{1}{4} & \frac{1}{4} & \frac{1}{8} & \frac{1}{4} \end{bmatrix}$

$s=\{0,1,2,3,4,5,6\}$

24. 次の既約なマルコフ連鎖は, 正か零か, 一時的であるかを調べよ. 正の時は定常な分布を求めよ.

(i) $P_{i,0}=\dfrac{i+1}{i+2}, \quad P_{i,i+1}=\dfrac{1}{i+2} \quad (i=0,1,2,\cdots).$

(ii) $P_{i,0}=\dfrac{1}{i+2}, \quad P_{i,i+1}=\dfrac{i+1}{i+2} \quad (i=0,1,2,\cdots).$

25. マルコフ連鎖 $\{X(n); 0 \leq n\}$ において,

$${}^kP_{i,j}(n)=\Pr\{X(n)=j, X(m) \ne k \ (m=1,2,\cdots,n-1)|X(0)=i\}$$

とおくとき, 次のことが成り立つことを示せ:

(ⅰ) $f_{i,k}(m+n) = \sum_{j \neq k} {}^kP_{i,j}(m) f_{j,k}(m)$.

(ⅱ) $f_{j,k} > 0$ のとき,
$$\sum_{n=1}^{\infty} {}^kP_{i,j}(n) < \infty.$$

26. 制限のないランダム・ウォーク
$$P_{i,i+1} = \frac{1}{2}, \quad P_{i,i-1} = \frac{1}{2} \quad (i = 0, \pm 1, \pm 2, \cdots)$$
において, $i, j > 0$ のとき, 次のことが成り立つことを示せ:

(ⅰ) $P_{i,j}(n) = {}^0P_{i,j}(n) + \sum_{m=1}^{n-1} P_{i,0}(m) {}^0P_{0,j}(n-m)$,

$P_{-i,j}(n) = \sum_{m=1}^{n-1} P_{-i,0}(m) {}^0P_{0,j}(n-m)$.

(ⅱ) ${}^0P_{i,j}(n) = P_{i,j}(n) - P_{-i,j}(n)$.

27. 既約な周期 $d > 1$ のマルコフ連鎖では, 状態は d 個のグループ $C_0, C_1, C_2, \cdots, C_{d-1}$ に分けられ, C_v の状態から 1 回の推移で C_{v+1} ($v = d-1$ のときは C_0) の状態にうつることを示せ.

28. 前問のマルコフ連鎖が正の時は, $i \in C_p$ ならば,
$$\lim_{m \to \infty} P_{i,j}(md+r) = \begin{cases} d/\mu_j & (j \in C_{p+r}), \\ 0 & (\text{その他}) \end{cases}$$
が成り立つことを示せ.

29. 状態 j が周期 d をもつとき, $n > n'$ に対して,
$$0 \leq P_{i,j}(nd+r) - \sum_{m=1}^{n'} f_{i,j}(md+r) P_{j,j}(nd-md) \leq \sum_{m=n'+1}^{\infty} P_{i,j}(md+r)$$
が成り立つことを示せ.

30. 状態 j が, 平均復帰時間 μ_j をもつ周期 d の正状態のとき, 次のことが成り立つことを証明せよ:

(ⅰ) $\lim_{n \to \infty} P_{j,j}(nd) = \dfrac{d}{\mu_j}$.

(ⅱ) $\lim_{n \to \infty} P_{i,j}(nd+r) = f_{i,j}{}^{(r)} \dfrac{d}{\mu_j} \quad (r = 1, 2, \cdots, (d-1))$.

ここで
$$f_{i,j}{}^{(r)} = \sum_{n=0}^{\infty} f_{i,j}(nd+r).$$

第3章 独立な確率変数の和

§ 9. マルコフ連鎖としての独立な確率変数の和

$\{X(n)\}$ $(n=1, 2, 3, \cdots)$ を整数値をとる独立な確率変数列で，すべて同じ分布

(9.1) $\quad \Pr\{X(n)=j\}=p_j \quad (j=0, \pm 1, \pm 2, \cdots)$

を持つとする．

いま

(9.2) $\quad S(0)=0, \quad S(n)=X(1)+X(2)+\cdots+X(n)$

とおくと，

(9.3) $\quad \Pr\{S(n)=j|S(1)=x_1, \cdots, S(n-2)=x_{n-2}, S(n-1)=i\}$
$\quad =\Pr\{S(n)=j|S(n-1)=i\}=\Pr\{X(n)=j-i\}=p_{j-i}.$

したがって，推移確率 $P_{i,j}$ は $j-i$ だけで定まる．さらに，つぎのことが成り立つ：

(9.4) $\quad P_{i,j}=P_{0,j-i}=P_{i-j,0}.$

(9.5) $\quad P_{i,j}(n)=P_{0,j-i}(n)=P_{i-j,0}(n)=\Pr\{S(n+k)=j|S(k)=i\}.$

マルコフ連鎖 $\{S(n)\}$ は空間的にも一様である．ここでは，このマルコフ連鎖は既約と仮定する(たとえば $\Pr\{X(1)=j\}>0$ なる整数 j の集合で生成される加法群が整数全体の加法群と一致すればよい)．さらに，

(9.6) $\quad p_j<1 \quad (j=0, \pm 1, \pm 2, \cdots)$

とする．

マルコフ連鎖 $\{S(n)\}$ の再帰性に関する条件を求めてみよう．

いま

(9.7) $\quad G_{i,j}(n)=\sum_{m=0}^{n} P_{i,j}(m), \quad G_{i,j}=\sum_{m=0}^{\infty} P_{i,j}(m) \leqq \infty$

とおく．まずつぎの補助定理を証明しておく．

補助定理 9.1. すべての i, j に対して，

(9.8) $\quad G_{i,j}(n) \leqq G_{0,0}(n).$

§9. マルコフ連鎖としての独立な確率変数の和

したがって
(9.9) $$G_{i,j} \leq G_{0,0}$$
が成り立つ.

証明. (9.5) から $G_{i,j}(n) = G_{i-j,0}(n)$ であるから $G_{i,0}(n) \leq G_{0,0}(n)$ を示せばよい. $f_{i,j}(n)$ を用いて $G_{i,0}(n)$ を変形すると,

$$
\begin{aligned}
G_{i,0}(n) &= \sum_{m=0}^{n} P_{i,0}(m) = \sum_{m=0}^{n} \left(\sum_{l=0}^{m} f_{i,0}(m-l) P_{0,0}(l) \right) \\
(9.10) \quad &= \sum_{l=0}^{n} P_{0,0}(l) \sum_{m=l}^{n} f_{i,0}(m-l) = \sum_{l=0}^{n} P_{0,0}(l) \sum_{m=0}^{n-l} f_{i,0}(m) \quad \left(\sum_{m=0}^{\infty} f_{i,0}(m) \leq 1 \right) \\
&\leq \sum_{l=0}^{n} P_{0,0}(l) = G_{0,0}(n).
\end{aligned}
$$
(証明終)

定理 9.1.

(9.11) $$E\{|X(k)|\} = \sum_{-\infty}^{\infty} |j| p_j < \infty,$$

(9.12) $$\mu = E\{X(k)\} = \sum_{-\infty}^{\infty} j p_j = 0$$

ならば, マルコフ連鎖 $\{S(n)\}$ は再帰的である.

証明. $\{S(n)\}$ は既約と仮定してあるから,

(9.13) $$G_{0,0} = \sum_{n=0}^{\infty} P_{0,0}(n) = \infty$$

を示せばよい. 補助定理から $G_{0,j}(n) \leq G_{0,0}(n)$. したがって,

(9.14) $$\frac{1}{2M+1} \sum_{j=-M}^{M} G_{0,j}(n) \leq G_{0,0}(n),$$

(弱) 大数の法則から, 任意の $\varepsilon > 0$ に対して

(9.15) $$\Pr\{|S(m)| \leq m\varepsilon\} \to 1 \quad (m \to \infty)$$

$(E(S_m) = 0)$

$$\Pr\{S(m) = j\} = \Pr\{S(m) = j | S(0) = 0\} = P_{0,j}(m)$$

であるから, (9.15) は

(9.16) $$H_m(\varepsilon) = \sum_{|j| \leq [m\varepsilon]} P_{0,j}(m) \to 1 \quad (m \to \infty)$$

となる ($[x]$ は x を超えない最大の整数, $x-1 < [x] \leq x$).

$\varepsilon > 0$ に対して $M = [n\varepsilon]$ とおくと, (9.14) から

(9.17) $$G_{0,0}(n) \geq \frac{1}{2M+1} \sum_{|j| \leq M} G_{0,j}(n) = \frac{1}{2M+1} \sum_{|j| \leq M} \sum_{m=0}^{n} P_{0,j}(m)$$

$$= \frac{1}{2M+1} \sum_{m=0}^{n} \sum_{|j| \leq M} P_{0,j}(m) = \frac{1}{2M+1} \sum_{m=0}^{n} H_m(\varepsilon).$$

(9.16) から

(9.18) $$\frac{1}{n+1} \sum_{m=0}^{n} H_m(\varepsilon) \to 1 \quad (n \to \infty).$$

また

(9.19) $$\frac{n+1}{2M+1} = \frac{n+1}{2[n\varepsilon]+1} \to \frac{1}{2\varepsilon} \quad (n \to \infty).$$

よって，(9.17) から

(9.20) $$G_{0,0} = \lim_{n \to \infty} G_{0,0}(n) \geq \frac{1}{2\varepsilon},$$

$\varepsilon > 0$ は任意であるから

(9.21) $$G_{0,0} = \sum_{n=0}^{\infty} P_{0,0}(n) = \infty. \qquad \text{(証明終)}$$

定理 9.2.

(9.22) $$E[|X(k)|] = \sum_{-\infty}^{\infty} |j| p_j < \infty,$$

(9.23) $$\mu = E(X(k)) = \sum_{-\infty}^{\infty} j p_j \neq 0$$

ならば，マルコフ連鎖 $\{S(n)\}$ は一時的である．

証明． 強大数の法則から

(9.24) $$\Pr\left\{\lim_{n \to \infty} \frac{S(n)}{n} = \mu\right\} = 1.$$

$\mu \neq 0$ のとき，つぎ事象を考える．

(9.25) $$C_n = \left\{\left|\frac{S(n)}{n} - \mu\right| > \frac{|\mu|}{2}\right\}.$$

C_n が無限回起こる事象を C とすると，(9.24) から

(9.26) $$\Pr(C) = 0.$$

いま $S(n) = 0$ なる事象を A_n とすれば，明らかに
$$A_n \subset C_n.$$

したがって，A_n が無限回起こる事象を A とすれば，
$$\Pr(A) \leq \Pr(C) = 0.$$

§9. マルコフ連鎖としての独立な確率変数の和

よって,
(9.27) $$\Pr(A)=0.$$
しかるに
$$\Pr(A)=\Pr\{S(n)=0,i,0|S(0)=0\}=g_{0,0}$$
であるから,
(9.28) $$g_{0,0}=0.$$
定理 5.2 (0-1 法則) から,このマルコフ連鎖は一時的である. (証明終)

系 9.1. マルコフ連鎖 $\{S(n)\}$ は正状態ではありえない.

証明. 正状態とすると定常な分布 $\{\pi_i\}$ ($\pi_i>0$) が存在する.一方,空間的一様性 (9.5) から $\pi_i=\pi_0$,したがって $\sum_{-\infty}^{\infty}\pi_i=\infty$ となり不合理. (証明終)

注. 系 9.1 からすべての i,j に対して
$$\lim_{n\to\infty}P_{i,j}(n)=0.$$
$P(X(k)=1)=p$, $P(X(k)=-1)=q=1-p$ の場合 (制限のないランダム・ウォーク,§5 例1) $p=q$ ($\mu=0$) のとき再帰的 (零状態),$p\neq q$ ($\mu\neq0$) のとき一時的であった.

一般の分布に従う独立確率変数の和

$\{X(n), n=1,2,\cdots\}$ を独立で同じ分布に従う実数値確率変数列とし,前と同様に,

(9.29) $S(0)=0,\quad S(n)=X(1)+X(2)+\cdots+X(n)\quad (n\geq1)$

とおくと,$\{S(n)\}$ は $-\infty<x<\infty$ を状態空間とするマルコフ連鎖である.

任意の $\delta>0$ に対して,$\Pr\{|S(n)-x|<\delta\}>0$ なる n が存在するとき,x は $\{S(n)\}$ の**可能な値**という.また,$|S(n)-x|<\delta$ が無限個の n で起こる確率が 1 のとき,x は**再帰的な値**という.

(9.30) $$\Pr\{|S(n)-x|<\delta;i,o\}=1.$$

定義から明らかに,再帰的な値の集合 R は閉集合であるが,さらに R は加法群である.すなわち,

$x,y\in R$ ならば $x-y\in R$ であることが示される.

もし $x-y\notin R$ とすると,ある $\delta>0$ に対し,

(9.31) $q=\Pr\{$ほとんどすべての n で$|S(n)-(x-y)|\geq2\delta\}>0$

となる.また y は再帰的であるから,

(9.32) $\qquad q = \Pr\{|S(k)-y|<\delta\} > 0$

なる k が存在する。$|S_k-y|<\delta$ で，ほとんどすべての n で $|S(n+k)-S(k)-(x-y)|\geqq 2\delta$ ならば，ほとんどすべての n で

$$|S(n+k)-x|\geqq \delta$$

である。したがって，

$$\Pr\{\text{ほとんどすべての } n \text{ で} |S(k)-x|\geqq \delta\}$$

(9.33) $\qquad \geqq \Pr\{|S(k)-y|<\delta,\ \text{ほとんどすべての } n \text{ で}$

$$|S(n+k)-S(k)-(x-y)|\geqq 2\delta\}.$$

ところで，$S(n+k)-S(k)$ は $S(k)$ とは独立で，$S(n)$ と同じ分布に従うから，(9.33) の右辺は，

$$\Pr\{|S(k)-y|<\delta\}\Pr\{\text{ほとんどすべての } n \text{ で}|S(n)-(x-y)|\geqq 2\delta\}$$
$$=pq>0$$

となり，x が再帰的という仮定に反す．したがって $x-y\in R$ である．

注． ほとんどすべての n に対して成り立つというのは，ある番号から先のすべての n について成立つことである．

R が空でないなら $y\in R$ なる y に対して $y-y=0\in R$ である．また x が可能な値であるなら (9.32) が成り立つ k が存在するから，上と全く同様にして，$0-x\in R$，したがって，$0-(-x)=x\in R$，すなわち x は再帰的となる．よって，次の定理が成り立つ．

定理 9.3. すべての値が再帰的でないか，または可能な値はすべて再帰的である．

定理 5.1 と類似の定理として，次のことが成り立つ．

定理 9.4. R が空でない（可能な値が再帰的である）ための必要十分条件は，$h>0$ に対して

(9.34) $\qquad u(h)=\sum_{n=1}^{\infty}\Pr\{|S(n)|<h\}=\infty$

が成り立つことである．

証明． R が空でないとすると，$0\in R$ である．もし $u(h)<\infty$ とするとボレル・カンテリの補助定理から

$$\Pr\{|S(n)|<h; i, 0\}=0$$

§9. マルコフ連鎖としての独立な確率変数の和

となり，$0 \in R$ に反す．よって，(9.34) が成り立つ．逆に，(9.34) が成り立つとする．

(9.35) $\quad r(h) = \Pr\{\text{ほとんどすべての } n \text{ で }|S(n)| \geq h\}$

とおくと，(9.33) と同様にして，

(9.36)
$$1 \geq r(h) \geq \sum_{k=1}^{\infty} \Pr\{|S(k)| < h, |S(n) - S(k)| \geq 2h, n = k+1, \cdots\}$$
$$= \Pr\{|S(n)| \geq 2h, n = 1, 2, \cdots\} \sum_{k=1}^{\infty} \Pr\{|S(k)| < h\}.$$

(9.34) が成り立つなら，

(9.37) $\quad q(2h) = \Pr\{|S(n)| \geq 2h, n = 1, 2, \cdots\} = 0$

でなければならない．

さて，ほとんどすべての n で $|S(n)| \geq h$ ならば，すべての n に対して $|S(n)| \geq h$ かまたは，$|S(k)| < h$, $|S(n)| \geq h$ $(n = k+1, k+2, \cdots)$ なる k が存在するかのいずれかである．したがって，

$$r(h) \leq \sum_{m > h^{-1}} \sum_{k=1}^{\infty} \Pr\{|S(k)| < h - m^{-1}, |S(n)| \geq h; n = k+1, k+2, \cdots\}$$
$$+ q(h)$$
$$\leq \sum_{m > h^{-1}} \sum_{k=1}^{\infty} \Pr\{|S(k)| < h - m^{-1}\} \Pr\{|S(n) - S(k)| \geq m^{-1},$$
$$n = k+1, \cdots\}$$
$$= \sum_{m > n^{-1}} \sum_{k=1}^{\infty} \Pr\{|S(k)| < h - m^{-1}\} \cdot q(m^{-1}) = 0$$

したがって，$0 \in R$ すなわち R は空ではない．

定理 9.1 と類似な定理として，

定理 9.5. $E|X(n)| < \infty$ のとき，R が空でないための必要十分条件は $E(X(n)) = 0$ が成り立つことである．

証明． 略．

つぎに，ワルドの関係式について説明しておく．

$\{S(n)\}$ は前と同じとして，$0 < a, b < \infty$ に対して，

(9.38) $\quad N = \min\{n | S(n) \leq -b \text{ または } S(n) \geq a\}$

と定義する．

N は開区間 $(-b, a)$ から初めて外に出る時刻である．つまらない場合を除くため $0 < E(X(n)^2) \leq \infty$ とする．

定理 9.6. N は確率変数で，すべての次数の積率をもつ．すなわち，

(i) (9.39)　　　　　　　$\Pr\{N<\infty\} = 1,$

(ii) (9.40)　　　　　$E(N^k) < \infty$　　$(k=1, 2, 3, \cdots).$

証明． まず，n に関係しない定数 $A>0$, $0<\delta<1$ が存在して，

(9.41)　　　　　　　　$\Pr\{N \geq n\} \leq A\delta^n$

が成り立つことを示す．これから $\sum_{n=1}^{\infty} \Pr\{N \geq n\} < \infty$．したがって，ボレル・カンテリの補助定理から (9.39) が出る．さて，$c = a+b$, m を任意の自然数として，

(9.42)　　$S'(1) = \sum_{j=1}^{m} X(j),\ S'(2) = \sum_{j=m+1}^{2m} X(j),\ \cdots,\ S'(k) = \sum_{j=(k-1)m+1}^{km} X(j)$

とおくと

(9.43)　　$\Pr\{N \geq km\} \leq \Pr\{|S'(1)|<c, \cdots, |S'(k-1)|<c\} = p^{k-1}.$

ここで $p = \Pr\{|S'(k)|<c\}$　これは k に関係しない．

$p=0$ なら明らかに (9.39), (9.40) は成り立つから，$p>0$ と仮定してよい．また $E(X(n)^2) > 0$ であるから，

(9.44)　　　　　　　　$E\{S'(k)^2\} \to \infty$　　$(m \to \infty).$

したがって，m を十分大にとると，

$$p = \Pr\{|S'(k)|<c\} < 1.$$

(9.43) から

(9.45)　　$\Pr\{N \geq n\} \leq p^{[n/m]-1} \leq p^{(n/m)-2} = p^{-2}[p^{1/m}]^n$

が成り立つ．すなわち $A = p^{-2}$, $\delta = p^{1/m}$ とおけばよい．

つぎに (9.40) の証明にうつろう．

$t>0$, と k を固定したとき，十分大きなすべての n に対して，

(9.46)　　　　　　　　　$n^k < e^{tn}.$

したがって，m を十分大にとれば，

(9.47)　　　$\sum_{n=m}^{\infty} n^k \Pr\{N=n\} \leq \sum_{n=m}^{\infty} e^{tn} \Pr\{N \geq n\}$

§9. マルコフ連鎖としての独立な確率変数の和

$$\leq A \sum_{n=m}^{\infty} (\delta e^t)^n.$$

いま $t>0$ を $\delta e^t<1$ なるようにとると，(9.47) の最後の級数は収束する．よって

$$E(N^k) = \sum_{n=1}^{\infty} n^k \Pr\{N=n\} < \infty.$$

さて，N を時刻とする $\{S(N)\}$ について，次のことが成り立つ．

定理 9.7. $0 < E|X(n)| < \infty$ ならば，

(9.48) $$ES(N) = E(X(n))E(N).$$

証明．

(9.49)
$$\begin{aligned}
ES(N) &= \sum_{n=1}^{\infty} \Pr\{N=n\} E(S(N)|N=n) \\
&= \sum_{n=1}^{\infty} \Pr\{N=n\} \sum_{j=1}^{n} E(X(j)|N=n) \\
&= \sum_{j=1}^{\infty} \sum_{n=j}^{\infty} \Pr\{N=n\} E(X(j)|N=n) \\
&= \sum_{j=1}^{\infty} \Pr\{N\geq j\} E(X(j)|N\geq j).
\end{aligned}$$

事象 $N\geq j$ は $X(1), X(2), \cdots, X(j-1)$ のみに依存するから，

(9.50)
$$\begin{aligned}
ES(N) &= \sum_{j=1}^{\infty} \Pr\{N\geq j\} E(X(j)) = E(X(n)) \sum_{j=1}^{\infty} \Pr\{N\geq j\} \\
&= E(X(n)) E(N).
\end{aligned}$$

$\left(\sum_{n=1}^{\infty} \Pr\{N=n\} \sum_{j=1}^{\infty} E(X(j)|N=n) = E(N) E(|X(n)|) < \infty \text{ から (9.49) での和の順序の変更ができる．} \right)$

さて，$S(n)$ の分布関数を $K_n(x)$ とおく．

(9.51)
$$K_n(x) = \Pr\{S(n)\leq x\},$$

$$K_1(x) = K(x) = \Pr\{X(n)\leq x\}.$$

いま，$X(n)$ の積率母関数

(9.52) $$\varphi(\theta) = \int_{-\infty}^{\infty} e^{\theta x} dK(x)$$

が原点の近傍 ($\alpha<\theta<\beta$, $-\infty\leq\alpha<0<\beta\leq\infty$) で存在すると仮定する. さらに,

(9.53) $$\varphi(\theta) > \varphi(\theta_0) \qquad (\theta \neq \theta_0)$$

なる θ_0 の存在も仮定する.

このとき

$$F_0(x) = \begin{cases} 1 & (x \geq 0), \\ 0 & (x < 0). \end{cases}$$

(9.54) $$F_n(x) = \Pr\{S(n) \leq x, N \geq n\}$$
$$= \Pr\{-b < S(k) < a, k=1,2,\cdots,(n-1); S(n) \leq x\}$$

とおく. $x_1 < x_2$ のとき,

$$F_n(x_2) - F_n(x_1) \leq K_n(x_2) - K_n(x_1)$$

に注意すると, $\theta \geq \theta_0$ のとき

(9.55) $$\left| z^n \int_{-b}^{a} e^{\theta x} dF_n(x) \right| \leq |z|^n \int_{-b}^{a} e^{(\theta-\theta_0)x} e^{\theta_0 x} dK_n(x)$$
$$\leq |z|^n e^{a(\theta-\theta_0)} \int_{-\infty}^{\infty} e^{\theta_0 x} dK_n(x)$$
$$= |z|^n e^{a(\theta-\theta_0)} [\varphi(\theta_0)]^n.$$

同様に $\theta \leq \theta_0$ のときは,

(9.56) $$\left| z^n \int_{-b}^{a} e^{\theta x} dF_n(x) \right| \leq |z|^n e^{-b(\theta-\theta_0)} [\varphi(\theta_0)]^n.$$

(9.55), (9.56) から $|z| < [\varphi(\theta_0)]^{-1}$ のとき, 任意の θ に対して,

(9.57) $$F(z, \theta) = \sum_{n=0}^{\infty} z^n \int_{-b}^{a} e^{\theta x} dF_n(x)$$

は収束する.

定理 9.8. $|z| < [\varphi(\theta_0)]^{-1}$ のとき, $\varphi(\theta)$ が存在する任意の θ に対して,

(9.58) $$E[e^{\theta S(N)} z^N] = 1 + [z\varphi(\theta) - 1] F(z, \theta)$$

が成り立つ.

証明. $S(N) \leq -b$ または $S(N) \geq a$ に注意して

$$E[e^{\theta S(N)} z^N] = \sum_{n=1}^{\infty} z^n \left(\int_{-\infty}^{-b} + \int_{a}^{\infty} \right) e^{\theta x} dF_n(x)$$

$$\text{(9.59)} \qquad = \sum_{n=1}^{\infty} z^n \left(\int_{-\infty}^{\infty} - \int_{-b}^{a} \right) e^{\theta x} dF_n(x)$$

$$= \sum_{n=1}^{\infty} z^n \int_{-\infty}^{\infty} e^{\theta x} dF_n(x) - [F(z,\theta)-1].$$

ここで,

$$\text{(9.60)} \qquad F_n(x) = \int_{-b}^{a} K(x-y) dF_{n-1}(y) \qquad (n \geqq 1)$$

であるから,

$$\text{(9.61)} \qquad \int_{-\infty}^{\infty} e^{\theta x} dF_n(x) = \int_{-\infty}^{\infty} e^{\theta x} dK(x) \int_{-b}^{a} e^{\theta y} dF_{n-1}(y)$$

$$= \varphi(\theta) \int_{-b}^{a} e^{\theta x} dF_{n-1}(x).$$

したがって (9.59) から,

$$E[e^{\theta S(N)} z^N] = \varphi(\theta) \sum_{n=1}^{\infty} z^n \int_{-b}^{a} e^{\theta x} dF_{n-1}(x) - [F(z,\theta)-1]$$

$$= \varphi(\theta) z \cdot F(z,\theta) - [F(z,\theta)-1]$$

$$= 1 + F(z,\theta)[z\varphi(\theta)-1].$$

すなわち (9.58) が得られた. (証明終)

さて, $\varphi(\theta) > \varphi(\theta_0)$ すなわち $[\varphi(\theta)]^{-1} < [\varphi(\theta_0)]^{-1}$ のときは, (9.58) で $z = [\varphi(\theta)]^{-1}$ とおいて,

$$\text{(9.62)} \qquad E[e^{\theta S(N)} \varphi(\theta)^{-N}] = 1.$$

これをワルドの関係式という.

たとえば, すべての θ に対して $\varphi(\theta)$ が存在し, $\varphi(\theta_0) < 1$ で, $\varphi(\theta_1) = 1$ なる $\theta_1 \neq 0$ がただ一つ存在するときは, (9.62) で $\theta = \theta_1$ とおくと

$$\text{(9.63)} \qquad E[e^{\theta_1 S(N)}] = 1$$

が成り立つ.

いま区間 $(-b, a)$ の外に出るのが $S(N) = -b$, または $S(N) = a$ の形のみで起こるとすると, (9.63) から,

$$\Pr\{S(N) = -b\} e^{-b\theta_1} + \Pr\{S(N) = a\} e^{a\theta_1} = 1,$$

一方,

$$\Pr\{S(N)=-b\}+\Pr\{S(N)=a\}=1.$$

この方程式を解いて,

(9.64)
$$\Pr\{S(N)=-b\}=\frac{e^{a\theta_1}-1}{e^{a\theta_1}-e^{-b\theta_1}},$$

$$\Pr\{S(N)=a\}=\frac{1-e^{-b\theta_1}}{e^{a\theta_1}-e^{-b\theta_1}}.$$

§ 10. 離散的分枝過程

離散的な分枝過程 $\{X(n)\}$ は,§4 において,マルコフ連鎖の一つの例としてあげておいた.$X(n)$ はランダムな $X(n-1)$ 個の独立な確率変数の和であるから,母関数を用いて,この過程を調べてみよう.

$X(0)=1$ と仮定する.すべての $n=0,1,2,\cdots$ に対して

(10.1) $$X(n+1)=\sum_{j=1}^{X(n)}\xi_j.$$

ここで,ξ_j ($j=1,2,3,\cdots$) は独立で,同じ分布

(10.2) $\Pr\{\xi_j=k\}=p_k$ ($k=0,1,2,\cdots$); $\sum_{k=0}^{\infty}p_k=1$

をもつとする.分布 (10.2) の母関数を

(10.3) $$\varphi(s)=\sum_{k=0}^{\infty}p_ks^k, \quad |s|<1.$$

$X(n)$ の分布の母関数を

(10.4) $$\varphi_n(s)=\sum_{k=0}^{\infty}\Pr\{X(n)=k\}s^k \quad (|s|<1)$$

とおく.明らかに

(10.5) $\varphi_0(s)=s,\quad \varphi_1(s)=\varphi(s).$

(10.1) から

(10.6)
$$\begin{aligned}\varphi_{n+1}(s)&=\sum_{k=0}^{\infty}\Pr\{X(n+1)=k\}s^k\\&=\sum_{k=0}^{\infty}\Bigl(\sum_{j=0}^{\infty}\Pr\{X(n)=j\}\Pr\{X(n+1)=k|X(n)=j\}\Bigr)s^k\\&=\sum_{k=0}^{\infty}\Bigl(\sum_{j=0}^{\infty}\Pr\{X(n)=j\}\Pr\{\xi_1+\cdots+\xi_j=k\}\Bigr)s^k\end{aligned}$$

§ 10. 離散的分枝過程

$$= \sum_{j=0}^{\infty} \Pr\{X(n)=j\} \left(\sum_{k=0}^{\infty} \Pr\{\xi_1+\cdots+\xi_j=k\} s^k \right).$$

ξ_i $(i=1, 2, \cdots, j)$ は共通の母関数 $\varphi(s)$ をもつ独立な確率変数であるから, $\xi_1+\cdots+\xi_j$ の分布の母関数は $[\varphi(s)]^j$ である.

よって

$$\varphi_{n+1}(s) = \sum_{j=0}^{\infty} \Pr\{X(n)=j\} (\varphi(s))^j.$$

右辺は (10.4) において, s の代りに $\varphi(s)$ を代入したものであるから

(10.7) $\qquad \varphi_{n+1}(s) = \varphi_n(\varphi(s)).$

$\varphi(1)=1$ とこの関係から, 数学的帰納法により, すべて n に対して, $\varphi_n(1)=1$ を得る. すなわち $X(n)$ は普通の意味での確率変数である.

(10.7) をつぎつぎに用いて,

$$\begin{aligned}\varphi_{n+1}(s) &= \varphi_n(\varphi(s)) \\ &= \varphi_{n-1}[\varphi(\varphi(s))] \\ &= \varphi_{n-1}(\varphi_2(s)).\end{aligned}$$

一般に

(10.8) $\qquad \varphi_{n+1}(s) = \varphi_{n-k}(\varphi_{k+1}(s)) \qquad (k=0, 1, 2, \cdots, n).$

特に $k=n-1$ として

(10.9) $\qquad \varphi_{n+1}(s) = \varphi(\varphi_n(s))$

が成り立つ.

$X(0)=1$ の代りに $X(0)=i>1$ のときの $X(n)$ の母関数を $\varphi_n^{(i)}(s)$ とすれば,

(10.10) $\qquad \varphi_0^{(i)}(s) = s^i, \qquad \varphi_1^{(i)}(s) = [\varphi(s)]^i.$

この場合も (10.7) は成り立つが, (10.9) は成り立たぬ.

$$m = E(X(1)), \qquad \sigma^2 = \operatorname{Var} X(1) = E(X(1)^2) - [E(X(1))]^2$$

が有限のとき, $X(n)$ の平均値と分散を求めてみよう (ただし $X(0)=1$ とする).

(10.7) を s で微分すると,

(10.11) $\qquad \varphi_{n+1}'(s) = \varphi_n'(\varphi(s)) \cdot \varphi'(s), \qquad |s|<1.$

この式から $\varphi_n{}'(1)$ が有限なら $\varphi_{n+1}{}'(1)$ も有限で,

(10.12) $$\varphi_{n+1}{}'(1) = \varphi_n{}'(1)\varphi'(1)$$

が成り立つことがわかる.

したがって

(10.13) $$\varphi_n{}'(1) = [\varphi'(1)]^n = m^n.$$

つぎに, $X(n)$ の分散を計算するために, つぎのことを注意しておく. 分散が存在するとき,

(10.14) $$\varphi_n{}''(1) = \sum_{k=1}^{n} k(k-1)\Pr\{X(n)=k\}$$
$$= E[X(n)^2] - E(X(n)),$$

(10.15) $$\mathrm{Var}[X(n)] = \varphi_n{}''(1) + \varphi_n{}'(1) - [\varphi'(1)]^2$$

が成り立つ.

(10.9) を s で2回微分して,

(10.16) $$\varphi_{n+1}{}''(s) = \varphi''(\varphi_n(s))[\varphi_n{}'(s)]^2 + \varphi'(\varphi_n(s))\varphi_n{}''(s).$$

$\varphi_n{}''(1)$ が有限ならば, この関係式から $\varphi_{n+1}{}''(1)$ も有限で,

(10.17) $$\varphi_{n+1}{}''(1) = \varphi''(1)[\varphi_n{}'(1)]^2 + \varphi'(1)\varphi_n{}''(1).$$

数学的帰納法により, すべての n について, (10.17) が成り立つ. $\varphi_n{}'(1) = m^n$ であるから,

(10.18) $$\varphi_{n+1}{}''(1) = \varphi''(1)m^{2n} + m\varphi_n{}''(1).$$

この式から帰納的に,

$$\varphi_{n+1}{}''(1) = \varphi''(1)[m^{2n} + m^{2n-1}] + m^2\varphi_{n-1}{}''(1)$$
$$= \varphi''(1)[m^{2n} + m^{2n-1} + m^{2n-2}] + m^3\varphi_{n-2}{}''(1)$$

(10.19) $$= \cdots$$
$$= \varphi''(1)[m^{2n} + m^{2n-1} + \cdots + m^{n+1}] + m^n\varphi_1{}''(1)$$
$$= \varphi''(1)[m^{2n} + \cdots + m^n].$$

(10.15) と $\varphi''(1) = \sigma^2 + m^2 - m$ から,

$$\mathrm{Var}[X(n+1)] = \varphi''(1)[m^{2n} + \cdots + m^n] + m^{n+1} - m^{2n+2}$$
$$= (\sigma^2 + m^2 - m)(m^{2n} + \cdots + m^n) + m^{n+1} - m^{2n+2}$$

(10.20) $$= \sigma^2(m^{2n} + \cdots + m^n)$$

§ 10. 離散的分枝過程

$$= \begin{cases} \sigma^2 m^n \dfrac{m^{n+1}-1}{m-1} & (m \neq 1), \\ (n+1)\sigma^2 & (m=1). \end{cases}$$

以上のことから

(10.21)　　$E[X(n)] = m^n$,　$\mathrm{Var}[X(n)] = \begin{cases} \sigma^2 m^{n-1} \dfrac{m^n-1}{m-1} & (m \neq 1), \\ n\sigma^2 & (m=1). \end{cases}$

消滅の確率

つぎに，集団が消滅する，すなわちある n に対して $X(n)=0$ となる確率を求めてみよう．つまらない場合を除くために

(10.22)　　　　　　　　$0 < p_0 < 1$

と仮定する．

(10.23)　　　　　$q_n = \Pr\{X(n) = 0\} = \varphi_n(0)$

とおくと，(10.9) から

(10.24)　　　　　$q_{n+1} = \varphi_{n+1}(0) = \varphi(\varphi_n(0)) = \varphi(q_n)$.

仮定 (10.22) から $\varphi(s)$ は s の増加関数 ($0 \leqq s \leqq 1$) であるから，

$$q_1 = \varphi_1(0) = p_0 > 0, \quad q_2 = \varphi(q_1) > \varphi(0) = q_1.$$

(10.24) から帰納法により，

(10.25)　　　　　$0 < q_1 < q_2 < \cdots < q_n < q_{n+1} < \cdots < 1$

を証明することができる．

このことから，$\pi = \lim_{n \to \infty} q_n$ が存在して，$0 < \pi \leqq 1$ である．$\varphi(s)$ は $0 \leqq s \leqq 1$ で連続であるから，(10.24) から

(10.26)　　　　　　　　$\pi = \varphi(\pi)$

が成り立つ．q_n は n 世代以前に消滅する確率であるから，π は，いつかは集団が消滅する確率を表わす．

なお π は，方程式

(10.27)　　　　　　　　$s = \varphi(s)$

の最小の正根である．なんとなれば，s_0 を (10.27) の正根とすると，

$$q_1 = \varphi(0) < \varphi(s_0) = s_0, \quad q_2 = \varphi(q_1) < \varphi(s_0) = s_0.$$

一般にすべての n に対して，

$$q_n < s_0, \quad \text{よって} \quad \pi \leqq s_0.$$

$\pi = 1$, または $0 < \pi < 1$ になる条件を求めるためにつぎの補助定理を証明しておく.

補助定理 10.1. 確率分布 $\{p_n\}$ $(n=0,1,2,\cdots)$ の母関数を,

$$\varphi(s) = \sum_{j=0}^{\infty} p_j s^j$$

とし,

$$0 < p_0 < 1, \quad 0 < \varphi'(1) = \sum_{j=1}^{\infty} j p_j = m < \infty$$

とする. このとき, 方程式

$$s = \varphi(s)$$

が $0 < s < 1$ なる根をもつための必要十分条件は, $m = \varphi'(1) > 1$ が成り立つことである.

このとき, 上の条件を満たす根は唯一つである.

証明.

(10.28) $\quad g(s) = \dfrac{1}{s}\varphi(s) = \dfrac{p_0}{s} + p_1 + p_2 s + \cdots \quad (0 < s \leqq 1)$

とおくと,

(10.29) $\quad g'(s) = -\dfrac{p_0}{s^2} + p_2 + 2p_3 s + \cdots \quad (0 < s < 1),$

(10.30) $\quad g''(s) = \dfrac{2p_0}{s^3} + 2p_3 + 3p_4 s + \cdots \quad (0 < s < 1).$

これから, $g''(s) > 0$ $(0 < s < 1)$. したがって $g'(s)$ は増加関数で

(10.31) $\quad \lim_{s \downarrow 0} g'(s) = -\infty, \quad \lim_{s \uparrow 1} g'(s) = -p_0 + p_2 + 2p_3 + \cdots = m - 1.$

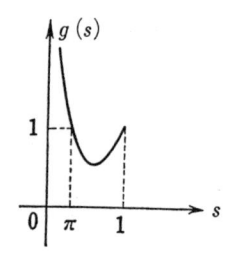

$m > 1$ のときは, $0 < s < 1$ での $g'(s)$ の符号の変化はちょうど1回だけであるが, $\lim_{s \downarrow 0} g(s) = +\infty$, $g(1) = 1$ であるから, $g(s) = 1$, $0 < s < 1$ なる根はただ一つ存在する. $m \leqq 1$ のときは, $g'(s) \leqq 0$ $(0 < s \leqq 1)$. よって, $g(s)$ は減少関数であるから, $g(s) = 1$ $(\varphi(s) = s)$ の最小正根は1である.

補助定理 (10.1) から, つぎの定理を得る.

定理 10.1. 離散的分枝過程 $\{X(n)\}$ $(X(0)=1)$ において, 各個体の平均の子孫の数を

$$m = \sum_{j=1}^{\infty} j p_j$$

§ 10. 離散的分枝過程

とおき，
$$0 < p_0 < 1, \quad 0 < m < \infty$$
と仮定する．

$m \leq 1$ ならば，消滅の確率 π は 1 であり，

$m > 1$ ならば，消滅の確率 π は s_0 である．

ここに s_0 は $s_0 = \varphi(s_0)$, $0 < s_0 < 1$ を満たす．

さて，$m > 1$ のとき $1 - \pi (>0)$ は何を意味するかを調べよう．そのために，つぎのことを証明しよう．

(10.32) $$\lim_{n \to \infty} \varphi_n(s) = \pi \quad (0 \leq s < 1).$$

$0 \leq s \leq \pi$ では $\varphi(s) \leq \varphi(\pi) = \pi$, したがって $\varphi_n(s) \leq \pi$.

$$q_n = \varphi_n(0) \leq \varphi_n(s) \leq \pi, \quad \lim_{n \to \infty} q_n = \pi$$

であるから，

(10.33) $$\lim_{n \to \infty} \varphi_n(s) = \pi \quad (0 \leq s \leq \pi).$$

$m > 1$ のときは，$\pi < s < 1$ に対して

(10.34) $$\pi = \varphi(\pi) < \varphi(s) < s < 1 \quad (g(s) < 1).$$

したがって

(10.35) $$\pi < \varphi_n(s) < \varphi_{n-1}(s) < 1 \quad (\pi < s < 1),$$

(10.36) $$\lim_{n \to \infty} \varphi_n(s) \geq \pi \quad (\pi < s < 1).$$

もし $\pi < s_1 < 1$ で $\lim_{n \to \infty} \varphi_n(s_1) = \alpha > \pi$ とすると，

$$\varphi_{n+1}(s_1) = \varphi(\varphi_n(s_1))$$

から

$$\alpha = \varphi(\alpha).$$

また (10.35) から $\alpha < 1$, 補助定理の根の一意性から $\alpha = \pi$ となり不合理．よって $\lim_{n \to \infty} \varphi_n(s) = \pi$ $(\pi < s < 1)$. これで (10.32) が証明された．

(10.32) から

(10.37) $$\Pr\{X(n) = j\} \to 0 \quad (n \to \infty), \quad j = 1, 2, \cdots.$$

したがって，確率分布 $\Pr\{X(n) = j\}$ $(j = 0, 1, 2, \cdots)$ は，0 に π, $+\infty$ に $1 - \pi$

を与える拡張された分布に近づく．この意味で，確率 $1-\pi$ で $X(n)\to\infty$ （爆発する）といってよい．

マルコフ連鎖としての分枝過程

$X(0)=1$ の仮定の下で考えたときの $\Pr\{X(n)=j\}$ を推移確率の形で書けば，

(10.38) $\quad \Pr\{X(n)=j\}=\Pr\{X(n)=j|X(0)=1\}=P_{1,j}(n)$

となる．一般に $X(0)=i$ のときは

(10.39) $\quad \Pr\{X(n)=j\}=\Pr\{X(n)=j|X(0)=i\}=P_{i,j}(n).$

この場合は

(10.40) $\quad X(n)=X(n)^{(1)}+X(n)^{(2)}+\cdots+X(n)^{(i)}$

である．ここに $X(n)^{(k)}$ $(k=1,2,\cdots,n)$ は独立で，ともに (10.1)，(10.2) で定まる分枝過程で，$X(0)^{(k)}=1$ をみたすものである．したがって，

(10.41) $\quad \varphi_n^{(i)}(s)=\sum_{j=0}^{\infty}P_{i,j}(n)s^j, \quad \varphi_n(s)=\sum_{j=0}^{\infty}P_{1,j}(n)s^j$

とおくと

(10.42) $\quad \varphi_n^{(i)}(s)=[\varphi_n(s)]^i.$

(10.32) から，$n\to\infty$ のとき

(10.43) $\quad \varphi_n^{(i)}(s)\to\pi^i,$

したがって

(10.44) $\quad P_{i,0}(n)\to\pi^i, \quad P_{i,j}(n)\to 0 \quad (j\geqq 1).$

よって，状態 0 は吸収状態，$j\geqq 1$ はすべて一時的状態である．

なお，マルコフ連鎖の一般論で用いた記号 $f_{i,j}(n)$（n 世代後に初めて i から j に達する確率）を用いると，

$$P_{i,0}(n)=\sum_{k=1}^{n}f_{i,0}(k)P_{0,0}(n-k).$$

ところで，分枝過程の場合 $P_{0,0}(n)=1$ であるから

(10.45) $\quad P_{i,0}(n)=\sum_{k=1}^{n}f_{i,0}(k).$

よって

(10.46) $\quad \pi^i=\sum_{n=1}^{\infty}f_{i,0}(n).$

これからも，π^l がいつかは消滅する確率を表わすことがわかる．

$X(0)=1$ として，N を消滅するまでの世代数とすると，

(10.47) $\qquad N = \min_n \{n | X(n) = 0, X(0) = 1\}$,

(10.48) $\qquad \Pr\{N = n\} = f_{1,0}(n) \qquad (n = 1, 2, \cdots)$.

$m \leq 1$ のときは，定理 10.1 から

(10.49) $\qquad \Pr\{N < \infty\} = 1$.

そこで，集団が消滅するまでの個体の総数を Z とおくと，

(10.50) $\qquad Z = X(0) + X(1) + \cdots + X(N) = \sum_{k=0}^{\infty} X(k)$.

(10.49) から Z は普通の意味の確率変数である．

Z の母関数を $g(s)$ とする．

(10.51) $\qquad g_j = \Pr\{Z = j\}, \quad g(s) = \sum_{j=1}^{\infty} g_j s^j$.

$g(s)$ に関してつぎの定理が成り立つ．

定理 10.2． $m \leq 1$, $X(0) = 1$ とする．このとき $g(s)$ は関数方程式

(10.52) $\qquad y(s) = s\varphi(y(s))$,

(10.53) $\qquad 0 \leq y(s) \leq 1 \qquad (0 < s \leq 1)$

を満たすただ一つの解である．

証明． $Z_k = 1 + X(1) + \cdots + X(k) = 1 + Y(k)$ とおくと，$Y(k)$ は k 世代までに新しく生れた個体の総数である．

$Y(k)$ の母関数を $Q_k(s)$ とおく．

(10.54) $\qquad Q_k(s) = \sum_{j=0}^{\infty} \Pr\{Y(k) = j\} z^j$.

事象 $Y(k) = j$ ($j \geq 1$) を $X(1)$ の値で j 個の排反事象に分割すると，

$$\Pr\{Y(k) = j\} = \sum_{i=1}^{j} \Pr\{X(1) = i, X(2) + \cdots + X(k) = j - i\}$$

$$= \sum_{i=1}^{j} \Pr\{X(1) = i\} \Pr\{X(2) + \cdots + X(k) = j - i | X(1) = i\}$$

$$= \sum_{i=1}^{j} p_i \Pr\{X(1) + \cdots + X(k-1) = j - i | X(0) = i\}.$$

(10.40) から，$\Pr\{X(1)+\cdots+X(k-1)=j-i|X(0)=i\}$ は $[Q_{k-1}(s)]^i$ における s^{j-i} の係数に等しい．

よって

(10.55)
$$\begin{aligned}\Pr\{Y(k)=j\} &= \sum_{i=1}^{j} p_i\{[Q_{k-1}(s)]^i \text{ の } s^{j-i} \text{ の係数}\} \\ &= \sum_{i=1}^{j} p_i\{[sQ_{k-1}(s)]^i \text{ の } s^j \text{ の係数}\} \\ &= \left\{\sum_{i=0}^{\infty} p_i[sQ_{k-1}(s)]^i\right\} \text{ の } s^j \text{ の係数．}\end{aligned}$$

これは $j=0$ のときも成り立つ（両辺とも p_0）．したがって

(10.56) $$Q_k(s)=\varphi(sQ_{k-1}(s)),$$
$$\Pr(Z_k=j)=\Pr(Y(k)=j-1)$$

であるから，

(10.57) $$g_k(s)=\sum_{j=1}^{\infty}\Pr(Z_k=j)s^j=sQ_k(s).$$

(10.56) の両辺に s を掛けて，(10.57) を用いると，

(10.58) $$g_k(s)=s\varphi(g_{k-1}(s)).$$

$m\leqq 1$ のときは $Z_k\to Z$ $(k\to\infty)$ であるから，$g_k(s)\to g(s)$ $(k\to\infty)$．よって，

(10.59) $$g(s)=s\varphi(g(s)).$$

$0<s\leqq 1$ なる s を固定し，関数 $\varphi(\xi)/\xi$ の増減の様子から（補助定理 10.1 の証明），方程式

(10.60) $$\frac{\varphi(\xi)}{\xi}=\frac{1}{s}, \quad 0<\xi\leqq 1$$

の解の一意性がわかる．このことから (10.59) の解の一意性がいえる．

(証明終)

マルチンゲール

つぎに $X(n)$ の値を与えたときの $X(n+k)$ の条件付平均値を求めてみよう．

(10.61) $$E\{X(n+1)|X(n)\}=E\left\{\sum_{j=1}^{X(n)}\xi_j|X(n)\right\}=X(n)E\{\xi_j\}=mX(n).$$

いま，

(10.62) $$E\{X(n+k)|X(n)\}=m^k X(n)$$

が成り立つとすると，

$$E\{X(n+k+1)|X(n)\} = E[E\{X(n+k+1)|X(n+k), \cdots, X(n+1)\}|X(n)]$$
$$= E[E\{X(n+k+1)|X(n+k)\}|X(n)]$$
$$= mE[X(n+k)|X(n)] = m^{k+1}X(n).$$

したがって (10.62) はすべての $k, n = 0, 1, 2, \cdots$ に対して成り立つ．

いま

(10.63) $$W_n = \frac{X(n)}{m^n}$$

とおくと，(10.62) から，

(10.64) $$E[W_{n+k}|W_n] = \frac{1}{m^{n+k}} E[X(n+k)|X(n)]$$
$$= \frac{1}{m^{n+k}} \cdot m^k \cdot X(n) = \frac{X(n)}{m^n} = W_n$$

このことから，$\{W_n\}$ はマルチンゲールである．

$$E[|W_n|] = E[W_n] = 1$$

であるから，マルチンゲールの収束定理[1] によれば W_n は確率 1 で確率変数 W^* に収束する．

問題 3

1. $\{X(n); n \geq 1\}$ を整数値を取り，同じ分布に従う独立確率変数列とし，$S(n) = \sum_{m=1}^{n} X(k)$，$S(0) = 0$ とおくとき，マルコフ連鎖 $\{S(n); 0 \leq n\}$ は一時的かまたは零であることを示せ．

2. 前問のマルコフ連鎖 $\{S(n)\}$ の n 次の推移確率 $P_{0,k}(n)$ は，次式で与えられることを示せ：

$$P_{0,k}(n) = \frac{1}{2\pi} \int_{-\pi}^{\pi} e^{-ik\theta} [\varphi(\theta)]^n d\theta \quad (i = \sqrt{-1}).$$

ここで，$\varphi(\theta)$ は $X(n)$ の特性関数 $E[e^{i\theta X(n)}]$ である．

3. 前問で $\varphi(\theta) \neq 1$ ($\theta \neq 0$) のとき，

$$P_{0,k}(n) \leq \frac{A}{\sqrt{n}}$$

が成り立つことを証明せよ (A は n, k に無関係な定数)．(まず $P_{0,k}(2n)$ を考えよ．)

4. $\{X(n)\}$ は独立で同じ分布に従うとし，$S(n) = \sum_{m=1}^{n} X(m)$，$u(h) = \sum_{n=1}^{\infty} \Pr\{|S(n)| < h\}$ とおくと，自然数 m に対して，

---
1) 河田竜夫「確率と統計」(朝倉書店) p.177, 定理 24.2.

$$u(m) \leqq 2mu(1)$$
が成り立つことが証明される．この結果を用いて，$E(X(n))=0$ のとき，再帰的な値が存在することを証明せよ．

5. 前問の条件の下で
$$\Pr\{S(n)>0; i, 0\} = \Pr\{S(n)<0; i, 0\} = 1$$
であることを証明せよ．ただし $\Pr\{X(n)=0\}<1$ とする．

6. 確率変数 X について，（1）$E(X) \neq 0$，（2）すべての実数 θ に対して $\varphi(\theta) = E\{e^{\theta X}\} < \infty$，（3）$\Pr\{e^X < 1-\delta\} > 0$, $\Pr\{e^X > 1+\delta\} > 0$ が成り立つとすれば，方程式
$$\varphi(\theta) = 1$$
は $\theta \neq 0$ なる唯一の根を持つことを証明せよ．

7. ワルドの関係式(9.26)において，$\theta = \theta_1$ とおくと，$E[e^{\theta_1 S(N)}] = 1$ が成り立つ．いま，
$$E_0 = E\{e^{\theta_1 S(N)} | S(N) \leqq -b\}, \quad E_1 = E\{e^{\theta_1 S(N)} | S(N) \geqq a\}$$
とおけば，
$$\Pr\{S(N) \leqq -b\} = \frac{E_1 - 1}{E_1 - E_0}$$
が成り立つ（θ_1 は $\varphi(\theta_1) = 1$, $\theta_1 \neq 0$ を満たす）．

8. 問6の仮定（2）が成り立つとき，ワルドの関係式から，次のことを導け．
$$E(X(n)) \neq 0 \text{ のとき } E(N) = \frac{ES(N)}{E(X(n))},$$
$$E(X(n)) = 0 \text{ のとき } E(N) = \frac{E(S(N)^2)}{E(X(n)^2)}.$$

9. 分枝過程 (10.39) において，チャプマン・コルモゴロフの方程式から，
$$F_{m+n}(z) = F_m[F_n(z)] \quad (m, n \geqq 1).$$
を導け．ここで
$$F_n(z) = \sum_{j=1}^{\infty} P_{i,j}(n) z^j.$$

10. 分枝過程 (10.1) において，
$$\Pr\{\xi_j = 0\} = p, \quad \Pr\{\xi_j = 1\} = q = 1-p \quad (0 < p < 1)$$
ならば，次のことが成り立つことを示せ：
（i）$\Pr\{X(n) = 0 | X(0) = 1\} = 1 - q^n \quad (n \geqq 1)$,
（ii）$\Pr\{Z = j | X(0) = 1\} = pq^{j-1} \quad (j \geqq 1)$.
ここで Z は消滅するまでの個体の総数である．

11. 定理 10.1 において $X(0) = i$ とすると，消滅する確率は $m = E(X(n)) \leqq 1$ なら 1，$m > 1$ なら π^i である．

12. $X(0) = i$ のとき，前問の分枝過程 $X(n)$ が消滅する確率は，マルコフ連鎖と考えたときの $f_{i,0}$ に等しい．この $f_{i,0}$ は方程式
$$x_i = P_{i,0} + \sum_{j=1}^{\infty} P_{i,j} x_j$$

の最小の非負の解であることを示し，それによって前問の結果が成り立つことを証明せよ．

13. A が勝つ確率が p, B が勝つ確率が $q=1-p$ であるゲームをそれぞれ a, b の資本をもって行ない，勝った方が他方から 1 だけもらうものとする（a, b は正の整数）．$X(n)$ を n 回目の A の取り分とすれば，n 回のゲームが終ったあとの A の資本は $\sum_{m=1}^{n} X(m)+a=S(n)+a$ である．

$$N=\min\{n|S(n)=-a, \text{ または } S(n)=b\}$$

とおくと，A が破産する確率は，

$$\Pr\{S(N)=-a\}=\begin{cases}\dfrac{1-(p/q)^b}{1-(p/q)^{a+b}} & (p\neq q), \\ \dfrac{a}{a+b} & (p=q).\end{cases}$$

また，ゲームの継続時間の期待値は，

$$E(N)=\begin{cases}\dfrac{b}{p-q}-\dfrac{a+b}{p-q}\dfrac{1-(p/q)^b}{1-(p/q)^{a+b}} & (p\neq q), \\ ab & (p=q)\end{cases}$$

であることを証明せよ．

第4章 不連続なマルコフ過程

§11. コルモゴロフの微分方程式

連続パラメターをもつマルコフ過程 $\{X(t); 0\leq t<\infty\}$ において，その状態空間は非負の整数 $\{0,1,2,\cdots\}$ とする．いま $X(\tau)=i$ のとき，$X(t)=j$ $(\tau<t)$ である条件付確率を

(11.1) $\qquad P_{i,j}(\tau;t) = \Pr\{X(t)=j|X(\tau)=i\} \qquad (\tau<t)$

とおくと

(11.2) $\qquad P_{i,j}(\tau;t)\geq 0,\quad \sum_{j=0}^{\infty} P_{i,j}(\tau;t)=1$

が成り立つ．またマルコフ性から，$\tau<s<t$ に対して

$$\Pr\{X(t)=j|X(\tau)=i\}$$
$$=\sum_k \Pr\{X(s)=k|X(\tau)=i\}\Pr\{X(t)=j|X(\tau)=i, X(s)=k\}$$
$$=\sum_k \Pr\{X(s)=k|X(\tau)=i\}\Pr\{X(t)=j|X(s)=k\}$$

すなわち，チャプマン・コルモゴロフの方程式

(11.3) $\qquad P_{i,j}(\tau;t) = \sum_k P_{i,k}(\tau;s) P_{k,j}(s;t),$

が成り立つ．

なお

(11.4) $\qquad P_{i,j}(t;t) = \delta_{i,j}$

から (11.3) は $(\tau\leq s\leq t)$ で成り立つ．

第1章のポアッソン過程の時と同様に，十分小なる $t-\tau$ に対する $P_{i,j}(\tau;t)$ の形に条件(微分法則)を与え，マルコフ性 (11.3) を利用して，$P_{i,j}(t)$ の満たす微分方程式を導くことができる．

いま，$P_{i,j}(\tau;t)$ について，つぎのことを仮定する．

(11.5) $\qquad P_{i,j}(\tau;t) = \{1-q_i(\tau)(t-\tau)\}\delta_{i,j} + (t-\tau)q_i(\tau)\pi_{i,j}(\tau) + o(t-\tau),$

ここで $q_i(t), \pi_{i,j}(t)$ は t の連続関数で，

(11.6) $\qquad q_i(t)\geq 0,\quad \pi_{i,j}(t)\geq 0,\quad \pi_{i,i}(t)=0,$

§11. コルモゴロフの微分方程式

$$\sum_j \pi_{i,j}(t) = 1$$

が成り立つとする.

$q_i(t)$, $\pi_{i,j}(t)$ はつぎのような意味をもつ.

(i) $(t, t+h)$ の間に変化が起こる確率は $q_i(t)h + o(h)$ である.

(ii) $(t, t+h)$ の間に変化があるとき,これによって i から j に移る条件付確率は $\pi_{i,j}(t)$ である.

(11.4),(11.5),(11.6) および $q_i(t), \pi_{i,j}(t)$ の連続性から,

(11.7) $\quad \lim_{h\downarrow 0} \dfrac{1-P_{i,i}(t;t+h)}{h} = \lim_{h\downarrow 0} \dfrac{1-P_{i,i}(t-h;t)}{h} = q_i(t),$

(11.8) $\quad \lim_{h\downarrow 0} \dfrac{P_{i,j}(t;t+h)}{h} = \lim_{h\downarrow 0} \dfrac{P_{i,j}(t-h;t)}{h} = q_i(t)\pi_{i,j}(t),$

(11.9) $\quad \lim_{t-\tau \to 0} P_{i,j}(\tau;t) = \delta_{i,j} = P_{i,j}(t;t)$

が得られる. また (11.5) の右辺の $q_i(\tau), \pi_{i,j}(\tau)$ は $q_i(t), \pi_{i,j}(t)$ で置きかえてもよい.

さて,区間 $(\tau-h, t)$ を $(\tau-h, \tau)$ と (τ, t) に分けて,(11.5) を用いると,

$$P_{i,j}(\tau-h;t) = \sum_k P_{i,k}(\tau-h;\tau) P_{k,j}(\tau;t)$$

$$= \{1-q_i(\tau)h\} P_{i,j}(\tau;t) + o(h) + \sum_{k\neq i} P_{i,k}(\tau-h;\tau) P_{k,j}(\tau;t),$$

(11.10) $\quad \dfrac{1}{(-h)} \{P_{i,j}(\tau-h;t) - P_{i,j}(\tau;t)\}$

$$= q_i(\tau) P_{i,j}(\tau;t) - \sum_{k\neq i} \dfrac{P_{i,k}(\tau-h;\tau)}{h} P_{k,j}(\tau;t) + o(1).$$

さて, $N > i$ のとき

$$0 \leq \sum_{k=N+1}^{\infty} \dfrac{P_{i,k}(\tau-h;\tau)}{h} P_{k,j}(\tau;t) \leq \dfrac{1}{h}\left\{1 - \sum_{k=0}^{N} P_{i,k}(\tau-h;\tau)\right\}$$

$$= \dfrac{1-P_{i,i}(\tau-h;\tau)}{h} - \sum_{\substack{k=0\\k\neq i}}^{N} \dfrac{P_{i,k}(\tau-h;\tau)}{h} \to q_i(\tau)\left\{1 - \sum_{k=0}^{N} \pi_{i,k}(\tau)\right\} \quad (h\to 0)$$

であるから, $\varepsilon > 0$ に対して,

$$q_i(\tau)\left\{1 - \sum_{k=0}^{N} \pi_{i,k}(\tau)\right\} < \dfrac{\varepsilon}{2}$$

が成り立つように $N(>i)$ をとり，この N を固定して，h を十分小にとって

$$\sum_{k=N+1}^{\infty} \frac{P_{i,k}(\tau-h;\tau)}{h} P_{k,j}(\tau;t) < \varepsilon$$

が成り立つようにできる．したがって，(11.10) で $h \to 0$ とするとき，右辺は項別に極限をとってよい．すなわち，

(11.11) $\quad \dfrac{\partial P_{i,j}}{\partial \tau}(\tau;t) = q_i(\tau) P_{i,j}(\tau;t) - q_i(\tau) \sum_{k=0}^{\infty} \pi_{i,k}(\tau) P_{k,j}(\tau;t)$.

これと，初期条件

(11.12) $\qquad\qquad\qquad P_{i,j}(t;t) = \delta_{i,j}$

を一緒にして，**コルモゴロフの後向きの微分方程式**という．t と j が固定されているから，τ の関数列 $P_{i,j}(\tau;t)$ $(i=0,1,2,\cdots)$ に関する連立微分方程式である．

つぎに，t の関数列 $P_{i,j}(\tau;t)$ $(j=0,1,2,\cdots)$ に関する微分方程式を導くために，さらにつぎの条件を付加する．

固定した j に対して (11.8) の収束が i に関して一様である．すなわち，任意の正数 ε に対して $\eta>0$ が存在し，すべての i，および $0<h<\eta$ に対して，

(11.13) $\qquad\qquad \left| \dfrac{P_{i,j}(t;t+h)}{h} - q_i(t)\pi_{i,j}(t) \right| < \varepsilon$

が成り立つ．

今度は区間 $(\tau, t+h)$ を (τ, t) と $(t, t+h)$ に分けて，前と同様にして

(11.14) $\quad \dfrac{P_{i,j}(\tau;t+h) - P_{i,j}(\tau;t)}{h}$

$$= -q_j(t) P_{i,j}(\tau;t) + \sum_{k \neq j} P_{i,k}(\tau;t) \frac{P_{k,j}(t;t+h)}{h} + o(1)$$

が導ける．(11.13) から，$h \to 0$ のとき項別に極限をとってよい．したがって

(11.15) $\quad \dfrac{\partial P_{i,j}}{\partial t}(\tau;t) = -q_j(t) P_{i,j}(\tau;t) + \sum_{k=0}^{\infty} P_{i,k}(\tau;t) q_k(t) \pi_{k,j}(t)$.

($\pi_{j,j}(t) = 0$ に注意．)

これと初期条件

(11.16) $\qquad\qquad\qquad P_{i,j}(\tau,\tau) = \delta_{i,j}$

を一緒にして，**コルモゴロフの前向きの微分方程式**という．

§ 11. コルモゴロフの微分方程式

注. 一様性の条件 (11.13) が成り立たないときは, 一般に
$$\frac{\partial P_{i,j}}{\partial t}(\tau;t) \geqq -q_j(t)P_{i,j}(\tau;t) + \sum_{k=0}^{\infty} P_{i,k}(\tau;t)q_k(t)\pi_{k,j}(t)$$
が成り立つ.

マルコフ過程が時間的に一様の場合は,

(11.17) $\qquad P_{i,j}(\tau;t) = P_{i,j}(t-\tau).$

$q_i(t), \pi_{i,j}(t)$ は t に無関係な定数となるから, コルモゴロフの後向き, および前向きの方程式は, それぞれ,

(11.18) $\qquad P_{i,j}'(t) = -q_i P_{i,j}(t) + \sum_k q_i \pi_{i,k} P_{k,j}(t),$

(11.19) $\qquad P_{i,j}'(t) = -q_j P_{i,j}(t) + \sum_k P_{i,k}(t) q_k \pi_{k,j},$

(11.20) $\qquad P_{i,j}(0) = \delta_{i,j}$

となる.

(11.18) で t を τ とおき, その両辺に $e^{q_i \tau}$ を掛けて 0 から t まで積分し, 初期条件 (11.20) を使って, 変形すると

(11.21) $\qquad P_{i,j}(t) = \delta_{i,j} e^{-q_i t} + \sum_{k=0}^{\infty} \int_0^t q_i e^{-q_i(t-\tau)} \pi_{i,k} P_{k,j}(\tau) d\tau$

(11.22) $\qquad\qquad = \delta_{i,j} e^{-q_i t} + \sum_{k=0}^{\infty} \int_0^t e^{-q_i \tau} q_i \pi_{i,k} P_{k,j}(t-\tau) d\tau$

を得る. 逆に (11.21) から (11.18), (11.20) が導ける. ($\sum_k \pi_{i,k} P_{k,j}(t)$ が t に関して一様収束であることに注意する.)

(11.22) はつぎのように解釈できる. すなわち, i から出発した系が時刻 t に j ($i \neq j$) に達するには, $[0, T_i)$ の間は i にとどまり ($e^{-q_i \tau}$), T_i で変化して k に移り ($q_i \pi_{i,k}$) さらに $t-T_i$ 時間後に j に移る ($P_{k,j}(t-\tau)$). $i=j$ のときは $[0,t]$ で変化のない場合が加わる. ここで T_i はパラメーター q_i の指数分布に従う確率変数である ($P(T_i > t) = e^{-q_i t}$).

コルモゴロフの前向きの方程式からは,

(11.23) $\qquad P_{i,j}(t) = e^{-q_j t} \delta_{i,j} + \int_0^t \sum_{k=0}^{\infty} P_{i,k}(\tau) q_k \pi_{k,j} e^{-q_j(t-\tau)} d\tau$

を得る. 逆に $P_{i,j}(t) \geqq 0$ なる (11.23) の解は (11.19), (11.20) を満たすことが示される.

(11.23) は状態 i から出発した系が時刻 t で状態 j $(j \neq i)$ に達するのは，つぎのようなものであることを示している．すなわち，時刻 T に状態 k にうつり，そこで飛躍して，状態 j に移り，それ以後時刻 t まで j にとどまる．$i = j$ のときは，$[0, t]$ で飛躍のない場合が加わる．前向きの方程式では i から j に達する道には最後の飛躍があることを仮定している．有限区間に無数の飛躍があるときは，必ずしもこのことは成り立たない．

それにもかかわらず，つぎの存在定理が成り立つ．

定理 11.1. つぎの条件を満たす $\{P_{i,j}(t)\}$ が存在する．

(i) $\{P_{i,j}(t)\}$ はコルモゴロフの前向き，および後向きの方程式を満たす．

(ii)
(11.24)
$$\sum_{j=0}^{\infty} P_{i,j}(t) \leq 1 \qquad (i = 0, 1, 2, \cdots),$$
$$P_{i,j}(t) \geq 0 \qquad (i, j = 0, 1, 2, \cdots),$$

(iii) (11.25) $\quad P_{i,j}(t+s) = \sum_{k=0}^{\infty} P_{i,k}(t) P_{k,j}(s).$

証明． 微分方程式 (11.18)，(11.19) の代りに積分方程式 (11.21)，(11.23) を考える．

まず，後向きの方程式 (11.21) の解で，$P_{i,j}(t) \geq 0$，$P_{i,j}(0) = \delta_{i,j}$，$\sum_{j} P_{i,j}(t) \leq 1$ を満たすものがあることを示そう．

(11.26)
$$P_{i,j}{}^{(0)}(t) = e^{-q_i t} \delta_{i,j},$$
$$P_{i,j}{}^{(n)}(t) = e^{-q_i t} \delta_{i,j} + \sum_{k=0}^{\infty} \int_{0}^{t} e^{-q_i \tau} q_i \pi_{i,k} P_{k,j}{}^{(n-1)}(t-\tau) d\tau$$

とおく．ここで $P_{i,j}{}^{(n)}(t)$ は区間 $[0, t]$ に高々 n 個の飛躍しかないときに，状態 i から状態 j に達する確率と考えられる．明らかに，

$$0 \leq P_{i,j}{}^{(0)}(t) \leq P_{i,j}{}^{(1)}(t).$$

数学的帰納法により，一般に，

(11.27) $\qquad\qquad P_{i,j}{}^{(n)}(t) \leq P_{i,j}{}^{(n+1)}(t)$

が成り立つことは容易に示される．

いま

(11.28) $\qquad Q_i{}^{(0)}(t) = e^{-q_i t}, \qquad Q_i{}^{(n)}(t) = \sum_{j=0}^{\infty} P_{i,j}{}^{(n)}(t)$

とおくと

(11.29) $\quad Q_i{}^{(n)}(t)=e^{-q_it}+\sum_{k=0}^{\infty}\int_0^t e^{-q_i\tau}q_i\pi_{i,k}Q_k{}^{(n-1)}(t-\tau)d\tau.$

（正項級数であるから和や積分の順序は交換してよい．）

$Q_i{}^{(0)}(t)=e^{-q_it}\leqq 1$, すべての i について $Q_i{}^{(n-1)}(t)\leqq 1$ が成り立つとすると，

$$Q_1{}^{(n)}(t)\leqq e^{-q_it}+\sum_{k=0}^{\infty}\int_0^t e^{-q_i\tau}q_i\pi_{i,k}d\tau$$

$$=e^{-q_it}+\int_0^t q_ie^{-q_i\tau}d\tau=1,$$

すなわち，すべての n について，

(11.30) $\quad Q_i{}^{(n)}(t)\leqq 1,$

$$0\leqq P_{i,j}{}^{(n)}(t)\leqq P_{i,j}{}^{(n+1)}(t)\leqq Q_i{}^{(n+1)}(t)\leqq 1$$

であるから，

$$\lim_{n\to\infty}P_{i,j}{}^{(n)}(t)=P_{i,j}(t) \quad \text{が存在して} \quad 0\leqq P_{i,j}(t)\leqq 1.$$

また (11.26) で $n\to\infty$ として

$$P_{i,j}(t)=e^{-q_it}\delta_{i,j}+\sum_{k=0}^{\infty}\int_0^t e^{-q_i\tau}q_i\pi_{i,k}P_{k,j}(t-\tau)d\tau.$$

また明らかに $P_{i,j}(0)=\delta_{i,j}$，すなわち $\{P_{i,j}(t)\}$ はコルモゴロフの後向きの方程式の解である．

(11.30) において，$n\to\infty$ として

(11.31) $\quad \sum_{j=0}^{\infty}P_{i,j}(t)\leqq 1.$

つぎに $\{P_{i,j}(t)\}$ がチャプマン・コルモゴロフの方程式 (11.25) を満たすことを示そう．

いま

(11.32) $\quad Q_{i,j}{}^{(0)}(t)=P_{i,j}{}^{(0)}(t)=e^{-q_it}\delta_{i,j},$

(11.33) $\quad Q_{i,j}{}^{(n)}(t)=P_{i,j}{}^{(n)}(t)-P_{i,j}{}^{(n-1)}(t)$

$$=\sum_{k=0}^{\infty}\int_0^t e^{-q_i\tau}q_i\pi_{i,k}Q_{k,j}{}^{(n-1)}(t-\tau)d\tau$$

とおくと，

(11.34) $$P_{i,j}(t) = \sum_{n=0}^{\infty} Q_{i,j}^{(n)}(t).$$

いま

(11.35) $$Q_{i,j}^{(n)}(t+s) = \sum_{l=0}^{n} \sum_{k=0}^{\infty} Q_{i,k}^{(l)}(t) Q_{k,j}^{(n-l)}(s)$$

が成り立つことを示そう.

$n=0$ のときは, 両辺ともに $e^{-q_i(t+s)}\delta_{i,j}$ である. n 以下で (11.35) が成り立つとする.

$$\sum_{l=0}^{n+1} \sum_{k=0}^{\infty} Q_{i,k}^{(l)}(t) Q_{k,i}^{(n+1-l)}(s)$$
$$= \sum_{k=0}^{\infty} Q_{i,k}^{(0)}(t) Q_{k,j}^{(n+1)}(s) + \sum_{l=1}^{n+1} \sum_{k=0}^{\infty} Q_{i,k}^{(l)}(t) Q_{k,j}^{(n+1-l)}(s).$$

右辺の第1項は,

$$e^{-q_i t} Q_{i,j}^{(n+1)}(s).$$

右辺の第2項は (11.33), (11.35) を用いて,

$$\sum_{l=1}^{n+1} \sum_{k=0}^{\infty} \left(\int_0^t \sum_{m=0}^{\infty} e^{-q_i\tau} q_i \pi_{i,m} Q_{m,k}^{(l-1)}(t-\tau) d\tau \right) Q_{k,j}^{(n+1-l)}(s)$$
$$= \sum_{m=0}^{\infty} \int_0^t \left\{ e^{-q_i\tau} q_i \pi_{i,m} \sum_{l=0}^{n} \sum_{k=0}^{\infty} Q_{m,k}^{(l)}(t-\tau) Q_{k,j}^{(n-l)}(s) \right\} d\tau$$
$$= \sum_{m=0}^{\infty} \int_0^t e^{-q_i\tau} q_i \pi_{i,m} Q_{m,j}^{(n)}(t+s-\tau) d\tau$$
$$= \sum_{m=0}^{\infty} \left\{ \int_0^{t+s} - \int_t^{t+s} \right\} = Q_{i,j}^{(n+1)}(t+s) - e^{-q_i t} Q_{i,j}^{(n+1)}(s).$$

よって,

$$\sum_{l=0}^{n+1} \sum_{k=0}^{\infty} Q_{i,k}^{(l)}(t) Q_{k,j}^{(n+1-l)}(s) = Q_{i,j}^{(n+1)}(t+s).$$

すなわち (11.35) がすべての n で成り立つことが示された. (11.35) において $n=0,1,2,\cdots$ として加え, 和の順序を交換することにより,

$$\sum_{n=0}^{\infty} Q_{i,j}^{(n)}(t+s) = \sum_{k=0}^{\infty} \left(\sum_{l=0}^{\infty} Q_{i,k}^{(l)}(t) \right) \left(\sum_{m=0}^{\infty} Q_{k,j}^{(m)}(s) \right)$$

が示される. すなわち, (11.34) から (11.25) が得られる.

つぎに, $\{P_{i,j}(t)\}$ が前向きの方程式 (11.23) を満たすことを示そう.

§ 11. コルモゴロフの微分方程式

いま

(11.36)
$$R_{i,j}{}^{(0)}(t) = e^{-q_j t}\delta_{i,j},$$
$$R_{i,j}{}^{(n)}(t) = \int_0^t \sum_{k=0}^{\infty} R_{i,k}{}^{(n-1)}(\tau) q_k \pi_{k,j} e^{-q_j(t-\tau)} d\tau$$

とおく.

いま,すべての n に対して,

(11.37) $\qquad R_{i,j}{}^{(n)}(t) = Q_{i,j}{}^{(n)}(t)$

が成り立つことを示す.

明らかに

$$R_{i,j}{}^{(0)}(t) = e^{-q_j t}\delta_{i,j} = e^{-q_i t}\delta_{i,j} = Q_{i,j}{}^{(0)}(t).$$

いま n 以下で (11.37) が成り立つとする.

$$R_{i,j}{}^{(n+1)}(t) = e^{-q_j t}\int_0^t \sum_{k=0}^{\infty} R_{i,k}{}^{(n)}(\tau) q_k \pi_{k,j} e^{q_j \tau} d\tau$$
$$= e^{-q_j t}\int_0^t \left\{\sum_{k=0}^{\infty}\left(q_k \pi_{k,j} e^{q_j \tau}\right) e^{-q_i \tau}\int_0^\tau \sum_{l=0}^{\infty} q_i \pi_{i,l} e^{q_i s} R_{l,k}{}^{(n-1)}(s) ds\right\} d\tau$$
$$= e^{-q_j t}\int_0^t \sum_{l=0}^{\infty} q_i \pi_{i,l} e^{(q_j-q_i)\tau}\left(\int_0^\tau \sum_{k=0}^{\infty} R_{l,k}{}^{(n-1)}(s) q_k \pi_{k,j} e^{q_i s} ds\right) d\tau,$$

$$\sum_{k=0}^{\infty} R_{l,k}{}^{(n-1)}(s) q_k \pi_{k,j} e^{q_i s} = \frac{d}{ds}(e^{q_j s} Q_{l,j}{}^{(n)}(s)) \cdot e^{(q_i-q_j)s}$$

を用いて,部分積分を行ない,積分の順序を変更して整頓すると,

$$R_{i,j}{}^{(n+1)}(t) = e^{-q_i t}\int_0^t \sum_{l=0}^{\infty} q_i \pi_{i,l} e^{q_i \tau} Q_{l,j}{}^{(n)}(\tau) d\tau = Q_{i,j}{}^{(n+1)}(t).$$

すなわち,(11.37) がすべての n について成り立つ.

$$P_{i,j}(t) = \sum_{n=0}^{\infty} Q_{i,j}{}^{(n)}(t) = \sum_{n=0}^{\infty} R_{i,j}{}^{(n)}(t)$$

であるから,(11.36) で $n = 0, 1, 2, \cdots$ として加えると,

$$P_{i,j}(t) = e^{-q_j t}\delta_{i,j} + \int_0^t \sum_{k=0}^{\infty} P_{i,k}(\tau) q_k \pi_{k,j} e^{-q_j(t-\tau)} d\tau,$$

すなわち,コルモゴロフの前向きの方程式が成り立つ.

以上で定理 11.1 は完全に証明された.

$F_{i,j}(t)$ をコルモゴロフの後向きの方程式 (11.21) の $F_{i,j}(t) \geqq 0$ なる解と

すると，明らかに
$$F_{i,j}(t) \geqq P_{i,j}^{(0)}(t) = e^{-q_i t}\delta_{i,j}.$$
$P_{i,j}^{(n)}(t)$ の作り方から一般に，
$$F_{i,j}(t) \geqq P_{i,j}^{(n)}(t), \quad \text{よって} \quad F_{i,j}(t) \geqq P_{i,j}(t).$$
同様のことは前向きの方程式に対しても成り立つ．この意味で，定理 11.1 で構成した解 $P_{i,j}(t)$ を**最小解**という．またこのことから，つぎの一意性の定理が得られる．

定理 11.2. 最小解 $\{P_{i,j}(t)\}$ に対して，
$$\sum_{j=0}^{\infty} P_{i,j}(t) = 1 \qquad (i=0,1,2,\cdots)$$
が成り立つとき，$\{F_{i,j}(t)\}$ がコルモゴロフの方程式（後向き，または前向き）および
$$F_{i,j}(t) \geqq 0, \qquad \sum_{j=0}^{\infty} F_{i,j}(t) \leqq 1$$
を満たすならば，
$$F_{i,j}(t) = P_{i,j}(t) \qquad (i,j=0,1,2,\cdots)$$
である．

定理 11.3. $\{q_i\}$ が有界ならば，最小解 $\{P_{i,j}(t)\}$ に対して
$$\sum_{j=0}^{\infty} P_{i,j}(t) = 1$$
が成り立つ．したがって定理 11.2 の結論が成立する．

証明． $\quad Q_i(t) = \sum_{j=0}^{\infty} P_{i,j}(t)$
とおくと，(11.21) から

(11.38) $\quad 1-Q_i(t) = \int_0^t e^{-q_i(t-\tau)} q_i \sum_{k=0}^{\infty} \pi_{i,k}(1-Q_k(\tau))\,d\tau.$

いま，
$$\sup_i \{1-Q_i(t)\} = \mu(t)$$
とおくと，$0 \leqq \mu(t) \leqq 1$.

(11.38) から

§ 11. コルモゴロフの微分方程式

$$\mu(t) \leq q_i \int_0^t e^{-q_i(t-\tau)} \mu(\tau) d\tau.$$

$e^{q_i t} \mu(t) = M(t)$ とおくと，

$$M(t) \leq q_i \int_0^t M(\tau) d\tau \leq c \int_0^t M(\tau) d\tau \qquad (q_i \leq c).$$

この不等式を繰り返し用いて，

$$M(t) \leq c^n \int_0^t \frac{(t-\tau)^{n-1}}{(n-1)!} M(\tau) d\tau.$$

$\sup_{0 \leq \tau \leq t} M(\tau) = M$ とおくと，

$$M(t) \leq \frac{(ct)^n}{n!} M \quad \text{したがって} \quad M \leq \frac{(ct)^n}{n!} M.$$

よって，$M=0$, $\mu(t)=0$. すなわち，

$$\sum_{j=0}^{\infty} P_{i,j}(t) = 1.$$

つぎに，$t \to \infty$ のときの $P_{i,j}(t)$ の様子を調べる．その前に，推移確率の満たすべき条件

(11.39) $\qquad P_{i,j}(t) \geq 0, \quad \sum_{j=0}^{\infty} P_{i,j}(t) = 1,$

(11.40) $\qquad P_{i,j}(s+t) = \sum_{k=0}^{\infty} P_{i,k}(s) P_{k,j}(t),$

(11.41) $\qquad \lim_{t \to 0} P_{i,j}(t) = \delta_{i,j}$

から，つぎの結果が得られることを示しておく．

(i) $P_{i,j}(t)$ は t に関して一様連続である．

(ii) $P_{i,j}(t)$ は恒等的に 0 か，または十分大きなすべての t に対して正である．

証明． (11.39), (11.40) から

(11.42)
$$P_{i,j}(t+s) = \sum_k P_{i,k}(s) P_{k,j}(t) \leq P_{i,j}(t) + \sum_{k \neq i} P_{i,k}(s)$$
$$\leq P_{i,j}(t) + (1 - P_{i,i}(s)).$$

また明らかに，

(11.43) $\qquad P_{i,i}(s) P_{i,j}(t) \leq P_{i,j}(t+s).$

(11.42), (11.43) から
$$|P_{i,j}(t+s) - P_{i,j}(t)| \leq 1 - P_{i,i}(s).$$
しかるに, (11.41) から
(11.44) $$\lim_{s \to 0} P_{i,i}(s) = 1$$
であるから, (i) は証明されたことになる.

いまある t_0 に対して $P_{i,j}(t_0) > 0$ とすると, (11.43), (11.44) から, $\eta > 0$ が存在し $0 \leq s \leq \eta$ なるすべての s に対して $P_{i,j}(t_0+s) > 0$, これを繰り返して, すべての s に対して $P_{i,j}(t_0+s) > 0$ がいえる (実際は $P_{i,j}(t) \not\equiv 0$ のときは, $t > 0$ なるすべての t に対して $P_{i,j}(t) > 0$ となることがわかっている).

さて, $\lim_{t \to \infty} P_{i,j}(t)$ は, マルコフ連鎖の $\lim_{n \to \infty} P_{i,j}^{(n)}$ に対応しているが, 周期性がないので話が簡単になる.

定理 11.4. (11.39), (11.40), (11.41) を満たす $\{P_{i,j}(t)\}$ について, 極限値
(11.45) $$\lim_{t \to \infty} P_{i,j}(t) = p_{i,j}$$
が存在する. さらに $P_{i,j}(t)$ がすべて恒等的に 0 でないとすると, $p_{i,j}$ は i に無関係となる ($p_{i,j} = p_j$). ここで $\{p_j\}$ ($j=0,1,2,\cdots$) は,

(i) すべての j について
(11.46) $$p_j = 0$$
か, または

(ii) $\{p_j\}$ は定常分布である. すなわち,
(11.47) $$p_j > 0, \quad \sum_{j=0}^{\infty} p_j = 1,$$

(11.48) $$\sum_{j=0}^{\infty} p_j P_{j,k}(t) = p_k$$

を満たす.

証明. 固定した $\delta > 0$ に対して, $Q_{i,j} = P_{i,j}(\delta)$ とおき, $\{Q_{i,j}\}$ を推移確率行列とするマルコフ連鎖を考えると, n 次の推移確率は $Q_{i,j}(n) = P_{i,j}(n\delta)$ であるからこのマルコフ連鎖は非周期的である. したがって, 定理 6.3 から $P_{i,j}(n\delta) \to p_{i,j}$ ($n \to \infty$). さらに, $P_{i,j}(t)$ は t の一様連続関数であるから

$\lim_{t\to\infty} P_{i,j}(t) = p_{i,j}$ が成り立つ.

$P_{i,j}(t)$ が恒等的に零でないなら,101 ページの(ii)から十分大きなすべての n に対して $P_{i,j}(n\delta)>0$,したがって系は既約となる.よって,系 6.4 から $p_{i,j}$ は i によらないことがわかる.また定理 7.1,定理 7.2 から(i)かまたは(ii)が成り立つことがわかる.

§ 12. 種々の例とその性質

12.1. ポアッソン過程

ポアッソン過程については第 1 章で取り扱ったが,もう一度見直してみよう.

ポアッソン過程についての仮定は

(i) $(t, t+\Delta t)$ に変化が起こる確率は $\lambda \Delta t + o(\Delta t)$ $(\lambda > 0)$,

(ii) 2 個以上の変化が起こる確率は $o(\Delta t)$,

(iii) 変化の起こらない確率は $1 - \lambda \Delta t + o(\Delta t)$.

$X(t)$ を $[0, t]$ での変化の個数とし,

$$P_j(t) = \Pr\{X(t) = j\}$$

とおくと,上の仮定から

(12.1) $$\begin{aligned} P_j(t+\Delta t) &= (1-\lambda \Delta t)P_j(t) + \lambda P_{j-1}(t)\Delta t + o(\Delta t), \\ P_0(t+\Delta t) &= (1-\lambda \Delta t)P_0(t) + o(\Delta t). \end{aligned}$$

これから

(12.2) $$\frac{dP_j}{dt} = -\lambda P_j(t) + \lambda P_{j-1}(t) \qquad (j \geq 1),$$

(12.3) $$\frac{dP_0}{dt} = -\lambda P_0(t).$$

この連立微分方程式を,初期条件

(12.4) $$P_j(0) = \delta_{0,j}$$

の下で解くと,

(12.5) $$P_j(t) = e^{-\lambda t} \frac{(\lambda t)^j}{j!},$$

すなわち,パラメター λt のポアッソン分布を得る.

(12.2),(12.3),(12.4) をラプラス変換を用いて解く方法を説明しておこう.

$$L(P_j(t)) = \pi_j(s) = \int_0^\infty e^{-st} P_j(t)\,dt \qquad (s>0)$$

とおき，(12.3) の両辺のラプラス変換をとると ((12.4) に注意する)，

(12.6) $\qquad s\pi_0(s) - 1 = -\lambda \pi_0(s), \qquad \pi_0(s) = \dfrac{1}{s+\lambda}.$

逆変換をとって

(12.7) $\qquad\qquad\qquad P_0(t) = e^{-\lambda t}.$

また (12.2) の両辺のラプラス変換をとると

(12.8) $\qquad s\pi_j(s) = -\lambda \pi_j(s) + \lambda \pi_{j-1}(s) \qquad (j \geq 1).$

(12.6) と (12.8) から帰納的に，

(12.9) $\qquad\qquad\qquad \pi_j(s) = \dfrac{\lambda^j}{(s+\lambda)^{j+1}}.$

この逆変換をとって，

(12.10) $\qquad\qquad\qquad P_j(t) = e^{-\lambda t} \dfrac{(\lambda t)^j}{j!}.$

以上は $P_j(t) = \Pr\{X(t) = j\}$ についてであるが，ポアッソン過程に対する推移確率 $P_{i,j}(t)$ について考えてみよう．仮定 (i)，(ii)，(iii) から (11.5) において，

(12.11) $\qquad q_i = \lambda \quad (i = 0, 1, 2, \cdots); \quad \pi_{i,j} = \begin{cases} 1 & (j = i+1), \\ 0 & (j \neq i+1). \end{cases}$

コルモゴロフの前向き，および後向きの方程式は，それぞれ，

(12.12) $\qquad\qquad \dfrac{dP_{i,j}}{dt} = -\lambda P_{i,j}(t) + \lambda P_{i,j-1}(t),$

(12.13) $\qquad\qquad \dfrac{dP_{i,j}}{dt} = -\lambda P_{i,j}(t) + \lambda P_{i+1,j}(t),$

(12.14) $\qquad\qquad\qquad P_{i,j}(0) = \delta_{i,j}.$

(12.12)，(12.14) は (12.2) と $P_j(0) = \delta_{i,j}$ と同じであるから，

$$P_{i,j}(t) = \dfrac{(\lambda t)^{j-i}}{(j-i)!} e^{-\lambda t} \qquad (j \geq i),$$
$$\phantom{P_{i,j}(t)} = 0 \qquad\qquad\qquad (j < i)$$

となる．これが (12.13) も満たすことは容易にわかる (定理 11.3 からも明らか)．

12.2. 純出生過程

ポアッソン過程では単位時間あたりの平均変化個数 λ が時刻 t の系の状態に無関係であったが，今度は時の状態により変わる場合を考える．

純出生過程に関する仮定

時刻 t で系が状態 j にあるとき（1）$(t, t+\Delta t)$ で $j \to j+1$ に変る確率は $\lambda_j \Delta t + o(\Delta t)$ である．（2）j から $j+1$ 以外の状態に移る確率は $o(\Delta t)$ である．（3）変化が起こらない確率は $1 - \lambda_j \Delta t + o(\Delta t)$ である．

時刻 $t+\Delta t$ に状態 j にあるという事象を，時刻 t で，状態 j, $(j-1)$ および他の状態にある場合に分けて，上の仮定を用いると，

(12.15) $\quad P_{j+1}(t+\Delta t) = (1 - \lambda_j \Delta t) P_j(t) + \lambda_{j-1} P_{j-1}(t) \Delta t + o(\Delta t) \quad (\lambda_{-1} = 0).$

これから，

(12.16) $\quad \dfrac{dP_0}{dt} = -\lambda_0 P_0(t),$

(12.17) $\quad \dfrac{dP_j}{dt} = -\lambda_j P_j(t) + \lambda_{j-1} P_{j-1}(t).$

この連立微分方程式を初期条件

(12.18) $\quad P_j(0) = \delta_{i,j}$

の下で解くのであるが，(12.16) は一つの関数のみを含んでいるので，$P_0(t)$, $P_1(t), \cdots$ と次々に決定していくことができる．ここでは，特に

$$\lambda_j = j\lambda \quad (\lambda > 0)$$

の場合（線型出生過程）に $P_j(t)$ の具体的な形を求めてみよう．ただし初期条件 (12.18) で $i=1$ すなわち，

(12.19) $\quad P_j(0) = \begin{cases} 1, & j=1, \\ 0, & j \neq 1 \end{cases}$

とする．この場合状態空間は $\{1, 2, 3, \cdots\}$ とする $(P_0(t) \equiv 0)$．$j=1$ のときは，$dP_1/dt = -\lambda P_1$ から $P_1(t) = c_1 e^{-\lambda t}$．初期条件 (12.19) から $P_1(t) = e^{-\lambda t}$ である．(12.17) と (12.19) から

(12.20) $\quad P_j(t) = (j-1)\lambda e^{-j\lambda t} \displaystyle\int_0^t P_{j-1}(\tau) e^{j\lambda \tau} d\tau \quad (j>1).$

これから帰納法により，

(12.21) $$P_j(t) = e^{-\lambda t}(1-e^{-\lambda t})^{j-1} \qquad (j \geq 1)$$

が得られる．明らかに $\sum_{j=1}^{\infty} P_j(t) = 1$ が成り立つ．

この型の過程は，集団の増加の数学的理論としてユールによって研究され，またファーリが宇宙線に関する過程のモデルに用いたので，ユール・ファーリ過程と呼ばれている．

$P_j(t)$ を求めるのに母関数の方法を用いてみよう．

(12.22) $$F(s,t) = \sum_{j=0}^{\infty} P_j(t) s^j$$

とおけば，(12.17) から，

(12.23) $$\frac{\partial F}{\partial t} = \lambda s(s-1) \frac{\partial F}{\partial s}$$

が得られる．これは t, s に関する1階の斉次線型偏微分方程式である．常微分方程式，

(12.24) $$\frac{ds}{dt} = -\lambda s(s-1)$$

の一般解は $\frac{s-1}{s} e^{\lambda t} = $ 定数 であるから，(12.23) の一般解は

(12.25) $$F(s,t) = f\left(\frac{s-1}{s} e^{\lambda t}\right)$$

である．ここで $f(x)$ は任意の関数である．$f(x)$ を決定するためには初期条件 $P_j(0) = \delta_{1j}$ を用いる．この条件から

(12.26) $$F(s,0) = s$$

であるから，

$$s = f\left(\frac{s-1}{s}\right).$$

これから，

$$f(x) = \frac{1}{1-x}.$$

したがって

(12.27) $$F(s,t) = \frac{se^{-\lambda t}}{1-(1-e^{-\lambda t})s}.$$

§12. 種々の例とその性質

s の冪級数に展開して,

(12.28) $\quad F(s,t) = e^{-\lambda t} s \sum_{j=0}^{\infty} (1-e^{-\lambda t})^j s^j \quad (|(1-e^{-\lambda t})s| < 1).$

したがって (12.21) の結果を得る.

$X(t)$ の平均と分散を求めると,

(12.29) $\quad m(t) = E[X(t)] = \left[\dfrac{\partial F}{\partial s}\right]_{s=1} = e^{\lambda t},$

(12.30) $\quad V(t) = \left[\dfrac{\partial^2 F}{\partial s^2}\right]_{s=1} + m(t) - [m(t)]^2 = e^{\lambda t}(e^{\lambda t}-1).$

コルモゴロフの方程式は, この場合,

$$q_i = i\lambda, \quad \pi_{i,j} = \begin{cases} 1 & (j=i+1, i=1,2,\cdots), \\ 0 & (j \neq i+1) \end{cases}$$

であるから,

(12.31) $\quad \dfrac{dP_{i,j}}{dt} = -j\lambda P_{i,j}(t) + (j-1)\lambda P_{i,j-1}(t),$

(12.32) $\quad \dfrac{dP_{i,j}}{dt} = -i\lambda P_{i,j}(t) + i\lambda P_{i+1,j}(t).$

固定した i に対して, (12.31) は初期条件の他は (12.17) ($\lambda_j = j\lambda$) と同じである. したがって, $P_{i,j}(t)$ の母関数を

$$F_i(s,t) = \sum_{j=0}^{\infty} P_{i,j}(t) s^j$$

とおくと, F_i は (12.23) を満たし, $F_i(s,0) = s^i$, よって

$$F_i(s,t) = \left(\dfrac{se^{-\lambda t}}{1-(1-e^{-\lambda t})s}\right)^i$$

となる. 冪級数に展開すると,

$$F_i(s,t) = e^{-i\lambda t} s^i \sum_{j=0}^{\infty} \binom{i+j-1}{j} (1-e^{-\lambda t})^j s^j.$$

したがって

(12.33) $\quad \begin{cases} \binom{j-1}{j-i} e^{-i\lambda t}(1-e^{-\lambda t})^{j-i} & (j \geq i), \\ 0 & (j < i). \end{cases}$

上の線型出生過程では $\sum_{j=0}^{\infty} P_j(t) = 1$ が成り立ったが, 一般の出生過程では

$\sum_{j=0}^{\infty} P_j(t) < 1$ が起こりうる．この場合は次のように考えることができる．すなわち λ_j が非常に早く増加し，有限時間内で $X(t)$ が ∞ をとる．したがって $1-\sum_j P_j(t)$ は $X(t)=\infty$ になる確率と考えられる．

このことに関して，次のフェーラーの定理が成り立つ．

定理 12.1. 純出生過程 (12.17) において，すべての t に対して，

(12.34) $$\sum_{j=0}^{\infty} P_j(t) = 1$$

であるための必要十分条件は，

(12.35) $$\sum_{j=0}^{\infty} \frac{1}{\lambda_j} = \infty$$

である．

証明． $S_k(t) = \sum_{j=0}^{k} P_j(t)$ とおくと，(12.16), (12.17) から，

$$\frac{dS_k}{dt} = -\lambda_k P_k(t).$$

初期条件 (12.18) に注意すると，$k \geq i$ ならば，

(12.36) $$1 - S_k(t) = \lambda_k \int_0^t P_k(\tau) d\tau.$$

固定した t に対して $1-S_k(t)$ は k の減少列であるから，$\lim_{k\to\infty}\{1-S_k(t)\} = \mu(t)$ とおくと，$0 \leq \mu(t) \leq 1$,

$$\lambda_k \int_0^t P_k(\tau) d\tau \geq \mu(t) \qquad (k \geq i).$$

したがって，

$$\int_0^t \{S_n(\tau) - S_{i-1}(\tau)\} d\tau \geq \mu(t) \left\{ \frac{1}{\lambda_i} + \frac{1}{\lambda_{i+1}} + \cdots + \frac{1}{\lambda_n} \right\}.$$

よって $\sum_j \frac{1}{\lambda_j} = \infty$ ならば $\mu(t) = 0$ すなわち $\sum_j P_j(t) = 1$ である．

また，

$$\int_0^t S_k(\tau) d\tau = \sum_{j=0}^{i-1} \int_0^t P_j(\tau) d\tau + \sum_{j=i}^{k} \int_0^t P_j(\tau) d\tau$$

$$= \sum_{j=0}^{i-1} \frac{S_j(t)}{\lambda_j} + \sum_{j=i}^{k} \frac{1-S_j(t)}{\lambda_j} \leq \sum_{j=0}^{k} \frac{1}{\lambda_j}.$$

$\sum_{j=0}^{\infty} \frac{1}{\lambda_j} = C < \infty$ ならば, $k \to \infty$ として

$$\int_0^t \sum_j P_j(t)\,dt \le C.$$

もしすべての t について $\sum_{j=0}^{\infty} P_j(t) = 1$ とすると, $t \le C$ となり, 不合理である. したがって $\sum_{j=0}^{\infty} P_j(t_0) < 1$ なる t_0 が存在する.

系 12.1. $\sum_j \frac{1}{\lambda_j} = \infty$ ならば, コルモゴロフの前向きおよび後向きの方程式

(12.37) $\qquad \dfrac{dP_{i,j}}{dt} = -\lambda_j P_{i,j}(t) + \lambda_{j-1} P_{i,j-1}(t), \qquad P_{i,j}(0) = \delta_{i,j},$

(12.38) $\qquad \dfrac{dP_{i,j}}{dt} = -\lambda_i P_{i,j}(t) + \lambda_i P_{i+1,j}(t), \qquad P_{i,j}(0) = \delta_{i,j}$

は, 唯一の解をもつ.

証明. 定理 11.1 から, 最小解は, 両者を満たす. しかるに, (12.37) は, つぎつぎに $P_{i,0}, P_{i,1}, \cdots$ を決定できるので, 解は一意である. したがって (12.37) の解は最小解と一致する. また前の定理から $\sum_{j=0}^{\infty} P_{i,j}(t) = 1$ であるから, 定理 11.2 から (12.38) は最小解の他に解はない.

12.3. 出生死滅過程

応用上重要な出生死滅過程を考える. 出生過程では $i \to i+1$, $i \to i$ のみが可能であったが, 今度は $i \to i-1$ も考えに入れる. ただし状態空間を $\{0, 1, 2, \cdots\}$ とするので状態 0 は特殊なものとなる.

出生死滅過程に関する仮定

（ⅰ） 時刻 t で系が状態 i $(i = 0, 1, 2, \cdots)$ にあるとき, $(t, t+\varDelta t)$ の間に状態 $i+1$ に移る確率は $\lambda_i \varDelta t + o(\varDelta t)$ である.

（ⅱ） 時刻 t で系が状態 i $(i = 1, 2, \cdots)$ にあるとき, $(t, t+\varDelta t)$ の間に状態 $i-1$ に移る確率は $\mu_i \varDelta t + o(\varDelta t)$ である.

（ⅲ） 隣り以外の状態に移る確率は $o(\varDelta t)$ である.

（ⅳ） 変化が起こらない確率は $1 - (\lambda_i + \mu_i)\varDelta t + o(\varDelta t)$ である. これらの仮定から, $P_j(t) = \Pr\{X(t) = j\}$ に関する微分方程式

(12.39) $\qquad \dfrac{dP_j}{dt} = -(\lambda_j + \mu_j)P_j(t) + \lambda_{j-1} P_{j-1}(t) + \mu_{j+1} P_{j+1}(t) \qquad (\mu_0 = 0, \lambda_{-1} = 0)$

を得る. また $t=0$ で系が状態 i にあるなら, 初期条件は,

(12.40) $$P_j(0)=\delta_{i,j}.$$

対応するコルモゴロフの方程式は,

(12.41) $$\frac{dP_{i,j}}{dt}=-(\lambda_j+\mu_j)P_{i,j}(t)+\lambda_{j-1}P_{i,j-1}(t)+\mu_{j+1}P_{i,j+1}(t),$$

(12.42) $$\frac{dP_{i,j}}{dt}=-(\lambda_i+\mu_i)P_{i,j}(t)+\lambda_i P_{i+1,j}(t)+\mu_i P_{i-1,j}(t),$$

(12.43) $$P_{i,j}(0)=\delta_{i,j},$$

$$q_i=\lambda_i+\mu_i, \quad \pi_{i,j}=\begin{cases}\dfrac{\lambda_i}{\lambda_i+\mu_i} & (j=i+1),\\ \dfrac{\mu_i}{\lambda_i+\mu_i} & (j=i-1),\\ 0 & (\text{他}).\end{cases}$$

(12.39) は出生過程と違って, つぎつぎに $P_j(t)$ を定めるわけにはいかないので, たとえば母関数を用いる方法などを適用する.

定理 11.4 により $\lim\limits_{t\to\infty}P_j(t)=p_j$ が存在するから, (12.39) で $t\to\infty$ として,

(12.44) $$-(\lambda_j+\mu_j)p_j+\lambda_{j-1}p_{j-1}+\mu_{j+1}p_{j+1}=0 \quad (j\geqq 1),$$

(12.45) $$-\lambda_0 p_0+\mu_1 p_1=0.$$

$\{p_j\}$ が定常分布になる場合は, $P_j(t)$ が具体的に求められなくとも, この連立一次方程式から p_j を求めることにより, 応用上は重要な情報を得ることができる.

ここでは, 線型出生死滅過程 (フェーラー・アレイ過程) すなわち,

(12.46) $$\lambda_j=j\lambda, \quad \mu_j=j\mu \quad (\lambda, \mu>0)$$

の場合に $P_j(t)$ を求めてみよう. $\lambda_0=0$ であるから状態 0 は吸収状態で, そこから他に出ることはできない.

いま, $\{P_j(t)\}$ の母関数

$$F(s,t)=\sum_{j=0}^{\infty}P_j(t)s^j$$

を考える. (12.39) から

(12.47) $$\frac{\partial F}{\partial t}=[\lambda s^2-(\lambda+\mu)s+\mu]\frac{dF}{\partial s}.$$

§12. 種々の例とその性質

(12.23) の場合と同様にして, $\lambda \neq \mu$ のときは, (12.47) の一般解は,

(12.48) $$F(s,t) = f\left(\frac{\mu - \lambda s}{1-s} e^{-(\lambda-\mu)t}\right).$$

初期条件を $P_j(0) = \delta_{1,j}$ とすると,

$$s = f\left(\frac{\mu-\lambda s}{1-s}\right), \quad \text{よって} \quad f(x) = \frac{\mu - x}{\lambda - x}.$$

したがって

(12.49) $$F(s,t) = \frac{\mu(1-e^{(\lambda-\mu)t}) - (\lambda - \mu e^{(\lambda-\mu)t})s}{\mu - \lambda e^{(\lambda-\mu)t} - \lambda(1-e^{(\lambda-\mu)t})s}.$$

右辺を s の冪級数に展開したときの s^j の係数は,

$$\left\{\frac{\lambda(1-e^{(\lambda-\mu)t})}{\mu - \lambda e^{(\lambda-\mu)t}}\right\}^{j-1} \frac{(\lambda-\mu)^2 e^{(\lambda-\mu)t}}{(\mu - \lambda e^{(\lambda-\mu)t})^2} \quad (j \geq 1).$$

ここで,

(12.50) $$\alpha(t) = \frac{\mu(1-e^{(\lambda-\mu)t})}{\mu - \lambda e^{(\lambda-\mu)t}}, \quad \beta(t) = \frac{\lambda(1-e^{(\lambda-\mu)t})}{\mu - \lambda e^{(\lambda-\mu)t}}$$

とおくと,

(12.51) $$P_j(t) = [1-\alpha(t)][1-\beta(t)][\beta(t)]^{j-1} \quad (j \geq 1),$$
$$P_0(t) = \alpha(t).$$

明らかに

$$\sum_{j=0}^{\infty} P_j(t) = 1.$$

平均と分散は

(12.52) $$m(t) = \left[\frac{\partial F}{\partial s}\right]_{s=1} = e^{(\lambda-\mu)t},$$

(12.53) $$V(t) = \left[\frac{\partial^2 F}{\partial s^2}\right]_{s=1} + m(t) - [m(t)]^2 = \frac{\lambda+\mu}{\lambda-\mu} e^{(\lambda-\mu)t} (e^{(\lambda-\mu)t} - 1).$$

$\lambda = \mu$ の場合も同様にして,

$$F(s,t) = \frac{\lambda t + (1-\lambda t)s}{\lambda t + 1 - \lambda t s}, \quad P_j(t) = \begin{cases} \dfrac{(\lambda t)^{j-1}}{(1+\lambda t)^{j+1}} & (j \geq 1), \\ \dfrac{\lambda t}{1+\lambda t} & (j=0), \end{cases}$$

$$m(t) = 1, \quad V(t) = 2\lambda t.$$

これは, (12.49), (12.51), (12.52), (12.53) で $\mu \to \lambda$ としたものと一致

する.

$\lambda_0=0$ すなわち 0 状態が吸収状態のとき，たとえば，$X(t)$ が生物の集団の大きさを表わすようなときは，時刻 t までに死滅する確率 $P_0(t)$，および，いつかは死滅する確率 $\lim_{t\to\infty} P_0(t) = p_0$ に興味がある．上のフェラー・アレイ過程では

$$(12.54) \quad P_0(t) = \begin{cases} \dfrac{\mu(1-e^{(\lambda-\mu)t})}{\mu - \lambda e^{(\lambda-\mu)t}} & (\lambda \neq \mu), \\ \dfrac{\lambda t}{1+\lambda t} & (\lambda = \mu), \end{cases}$$

$$(12.55) \quad p_0 = \begin{cases} 1 & (\lambda \leq \mu), \\ \dfrac{\mu}{\lambda} & (\lambda > \mu). \end{cases}$$

なお，コルモゴロフの前向きの方程式を解くのは $P_j(t)$ に関する方程式を初期条件 $P_j(0) = \delta_{j,i}$ として解くのと同じであるから，$\{P_{i,j}(t)\}$ の母関数

$$F_i(s,t) = \sum_{j=0}^{\infty} P_{i,j}(t) s^j$$

は，$F_i(s,0) = s^i$ を満たす．よって

$$F_i(s,t) = [F(s,t)]^i$$

となる.

$$F(s,t) = \frac{\alpha(t) + [1 - \alpha(t) - \beta(t)]s}{1 - \beta(t)s}$$

と変形すると，

$$\{\alpha(t) + [1-\alpha(t)-\beta(t)]s\}^i = \sum_{k=0}^{i} \binom{i}{k} [\alpha(t)]^{i-k} [1-\alpha(t)-\beta(t)]^k s^k,$$

$$(1-\beta(t)s)^{-i} = \sum_{k=0}^{\infty} \binom{i+k-1}{i-1} [\beta(t)]^k s^k \quad (|\beta(t)s| < 1)$$

から，

$$(12.56) \quad P_{i,j}(t) = \sum_{k=0}^{\min(i,j)} \binom{i}{k} \binom{i+j-k-1}{i-1} \\ \times [\alpha(t)]^{i-k} [1-\alpha(t)-\beta(t)]^k [\beta(t)]^{j-k}.$$

平均，分散はそれぞれ $X(0)=1$ の場合の i 倍になる．

また，

§12. 種々の例とその性質

(12.57) $\quad p_{i,0} = \lim_{t\to\infty} P_{i,0}(t) = \lim_{t\to\infty} [\alpha(t)]^i = \begin{cases} 1 & (\lambda \leqq \mu), \\ \left(\dfrac{\mu}{\lambda}\right)^i & (\lambda > \mu). \end{cases}$

$\lim_{t\to\infty} P_j(t) = p_j$ の計算例

(i) $\lambda_j = \lambda, \quad \mu_j = j\mu \quad (\lambda, \mu > 0)$.

(無数の回線があるときの話中の回線の数の問題.)

母関数を用いて $P_j(t)$ を求めることができるが，ここでは $\lim_{t\to\infty} P_j(t) = p_j$ だけを決定しよう．

(12.44), (12.45) から，
$$(\lambda + j\mu)p_j = \lambda p_{j-1} + (j+1)\mu p_{j+1},$$
$$\lambda p_0 = \mu p_1.$$

帰納法によって
$$p_j = p_0 \left(\frac{\lambda}{\mu}\right)^j \Big/ j!.$$

$\sum_{j=0}^{\infty} p_j = 1$ から $p_0 = e^{-\lambda/\mu}$. よって $p_j = e^{-\lambda/\mu} \left(\dfrac{\lambda}{\mu}\right)^j \Big/ j!$.

これは，パラメター λ/μ のポアッソン分布である．

(ii) $\lambda_j = \lambda \quad (j \geqq 0), \quad \mu_j = j\mu \quad (j = 1, 2, \cdots, n),$
$$\mu_j = n\mu \quad (j > n).$$

(有限個の窓口に対する待ち行列の問題.)

$\{p_j\}$ に関する方程式は
$$\lambda p_0 = \mu p_1,$$
$$(\lambda + j\mu)p_j = \lambda p_{j-1} + (j+1)\mu p_{j+1} \quad (1 \leqq j < n),$$
$$(\lambda + n\mu)p_j = \lambda p_{j-1} + n\mu p_{j+1} \quad (j \geqq n).$$

これから
$$p_j = p_0 \left(\frac{\lambda}{\mu}\right)^j \Big/ j! \quad (j < n); \quad p_j = p_0 \left(\frac{\lambda}{\mu}\right)^j \Big/ n! \, n^{j-n} \quad (j \geqq n).$$

$\sum p_j/p_0$ は $\lambda < n\mu$ のときだけ収束する．このときは $\sum_j p_j = 1$ から p_0, したがって p_j が定まる（定常分布）．$\lambda \geqq n\mu$ のときは，$p_0 > 0$ とすると，$\sum_j p_j = \infty$, よって $p_0 = 0$ したがって $p_j = 0 \; (j = 1, 2, \cdots)$ となる．これは行列がだんだん長くなっていくことを示す．

12.4. 拡張されたポアッソン過程

コルモゴロフの方程式で，q_j が j に無関係な定数 λ に等しい場合を考える．

(12.58) $$\frac{dP_{i,j}}{dt} = -\lambda P_{i,j}(t) + \sum_k \lambda \pi_{i,k} P_{k,j}(t),$$

(12.59) $$\frac{dP_{i,j}}{dt} = -\lambda P_{i,j}(t) + \sum_k \lambda P_{i,k}(t) \pi_{k,j}.$$

$\{\pi_{i,j}\}$ は $\pi_{i,j} \geqq 0$, $\sum_j \pi_{i,j} = 1$ を満たすから，マルコフ連鎖の推移確率行列と考えられる．いま $\{\pi_{i,j}(n)\}$ を $\{\pi_{i,j}\}$ の n 次の推移確率行列とする．

上の場合，最小解を定める公式 (11.32)，(11.33) は，

$$Q_{i,j}{}^{(0)}(t) = e^{-\lambda t} \delta_{i,j},$$

$$Q_{i,j}{}^{(n)}(t) = \int_0^t \sum_k e^{-\lambda(t-\tau)} \lambda \pi_{i,k} Q_{k,j}{}^{(n-1)}(\tau) d\tau$$

である．これから帰納法によって

$$Q_{i,j}{}^{(n)}(t) = \frac{(\lambda t)^n}{n!} e^{-\lambda t} \pi_{i,j}(n) \qquad (\pi_{i,j}(0) = \delta_{i,j}).$$

したがって，

(12.60) $$P_{i,j}(t) = \sum_{n=0}^\infty Q_{i,j}{}^{(n)}(t) = e^{-\lambda t} \sum_{n=0}^\infty \frac{(\lambda t)^n}{n!} \pi_{i,j}(n)$$

明らかに，

$$\sum_{j=0}^\infty P_{i,j}(t) = 1.$$

(12.58)，(12.59) で定まる確率過程を拡張されたポアッソン過程という．

(12.60) は次のように考えられる．すなわち $[0,t]$ での変化の個数はパラメター λt のポアッソン分布に従う．n 個の変化が起こったとき，状態 i から状態 j に移る確率は $\pi_{i,j}(n)$ である．また i から j への推移は常にこのようにして得られる．

特に，

(12.61) $\pi_{i,j} = 0 \quad (i>j), \quad \pi_{i,j} = p_{j-i} \quad (j \geqq i) \quad \left(\sum_{j=0}^\infty p_j = 1\right)$

のときは，次に述べる複合ポアッソン過程の特別の場合となる．このとき $\pi_{i,j}(n)$ は確率分布 $\{p_0, p_1, \cdots\}$ の n 重のたたみこみである．

12.5. 複合ポアッソン過程

これまで，離散的確率過程のみを考えてきたので，ここで一般に実数値確率過程の中の(純)不連続な過程の例をあげておこう．

いま，

(12.62) $\quad F(x_0, \tau ; x, t) = \Pr\{X(t) \leq x | X(\tau) = x_0\} \quad (\tau < t),$

(12.63) $\quad F(x_0, t ; x, t) = \delta(x_0, x) = \begin{cases} 0 & (x < x_0), \\ 1 & (x \geq x_0) \end{cases}$

とおき，$F(x_0, \tau ; x, t)$ について，つぎのことを仮定する．

(12.64) $\quad \begin{aligned} F(x, \tau ; y, t) &= \{1 - q(x, \tau)(t - \tau)\} \delta(x, y) + q(x, \tau) \pi(x, \tau ; y) \\ &\quad + o(t - \tau) \quad (t > \tau). \end{aligned}$

ここで，$q(x, \tau) \geq 0$, $\pi(x, \tau ; y)$ は y の関数として分布関数である．

$q(x, t), \pi(x, t ; y)$ はつぎのような意味をもつ．

(i) $X(t) = x$ のとき，$(t, t + \Delta t)$ の間に変化が起こらない確率は $1 - q(x, t) \Delta t + o(\Delta t)$ である．

(ii) $X(t) = x$ のとき，変化が起こったとき $X(t + \Delta t) \leq y$ である確率は $\pi(x, t ; y) + o(\Delta t)$ である．

この場合も適当な連続性の条件の下で，§11 と全く同様に論ずることができる．

ここでは，最も簡単な複合ポアッソン過程について述べることにする．これは，

(12.65) $\quad q(x, t) = \lambda, \quad \pi(x, t ; y) = B(y - x)$

(ここで λ は正の定数，$B(y)$ は分布関数である) の場合である．時間的にも空間的にも一様であるから，

$$F(x, \tau ; y, t) = F(y - x, t - \tau)$$

とおくと，(12.64) から導かれるコルモゴロフの方程式は，つぎのようになる．

(12.66) $\quad \dfrac{\partial F(x, t)}{\partial t} = -\lambda F(x, t) + \lambda \int_{-\infty}^{\infty} B(x - y) dF_y(y, t),$

(12.67) $\quad \dfrac{\partial F(x, t)}{\partial t} = -\lambda F(x, t) + \lambda \int_{-\infty}^{\infty} F(x - y, t) dB(y),$

(12.68) $$F(x, 0) = \begin{cases} 1 & (x \geq 0), \\ 0 & (x < 0). \end{cases}$$

部分積分によって，(12.66)，(12.67) の右辺の積分は一致することがわかるから，この場合，前向きと後向きの方程式は一致する．

(12.67)，(12.68) を解くために，(11.32)，(11.33) にならって，

(12.69) $$G_0(x, t) = \begin{cases} e^{-\lambda t} & (x \geq 0), \\ 0 & (x < 0), \end{cases}$$

(12.70) $$G_n(x, t) = \int_0^t \lambda e^{-\lambda \tau} d\tau \int_{-\infty}^{\infty} G_{n-1}(x-y, t-\tau) dB(y)$$

とおく $\left(\sum\text{の代りに}\int\text{とする}\right)$.

帰納法によって,

$$G_n(x, t) = e^{-\lambda t} \frac{(\lambda t)^n}{n!} B_n(x).$$

ここで $B_n(x)$ は $B(x)$ の n 重のたたみこみである．$B_0(x)$ は単位分布とする．

(12.71) $$F(x, t) = \sum_{n=0}^{\infty} G_n(x, t) = \sum_{n=0}^{\infty} e^{-\lambda t} \frac{(\lambda t)^n}{n!} B_n(x)$$

とおくと，この $F(x, t)$ が (12.67)，(12.68) を満たすことは容易にわかる．(12.60) と比較せよ．

一般に，分布関数

(12.72) $$F(x) = e^{-\lambda} \sum_{n=0}^{\infty} \frac{\lambda^n}{n!} B_n(x)$$

をもつ分布を，複合ポアッソン分布という．$\{X(n)\}$ を独立で，同じ分布 $B(x) = \Pr\{X(n) \leq x\}$ に従うとする．N をパラメター λ のポアッソン分布に従い，$\{X(n)\}$ と独立とする．このとき，

$$S_N = X(1) + X(2) + \cdots + X(N)$$

の分布が (12.72) である．これは，

$$\Pr\{S_N \leq x\} = \sum_{n=0}^{\infty} \Pr\{S(n) \leq x, N = n\}$$

$$= \sum_{n=0}^{\infty} \Pr\{N = n\} \Pr\{S(n) \leq x\}$$

から明らかである.

問題 4

1. $a_{i,j}=q_i\pi_{i,j}$ $(i\neq j)$, $a_{i,i}=-q_i$, $A=[a_{i,j}]$ とおくと，コルモゴロフの方程式 (11.18), (11.19), (11.20) は行列の記号を用いて，
$$P'(t)=AP(t)=P(t)A, \quad P(0)=I$$
と書ける．状態が有限個の時
$$P(t)=e^{tA}=\sum_{n=0}^{\infty}\frac{t^n}{n!}A^n$$
は $0\leq t\leq T$ で一様に収束し，上の方程式の一意な解であることを示せ(A を $P(t)$ の生成作用素という).

2. 問題 (1) の A の固有ベクトルが空間全体を張るとき，固有ベクトルの成分を列に並べて作った行列 U で A は，
$$U^{-1}AU=\begin{bmatrix}\lambda_1 & 0 & \cdots & 0 \\ 0 & \lambda_2 & \cdots & 0 \\ \vdots & & \ddots & \\ 0 & 0 & \cdots & \lambda_N\end{bmatrix}$$
の形に変換できる．このことを利用して，この場合 $P_{i,j}(t)$ は
$$P_{i,j}(t)=\sum_{\nu=1}^{N}b_{i,j}(\nu)e^{\lambda_\nu t}$$
の形に書けることを示せ.

3. パラメーター λ のポアッソン過程 $\{X(t); 0\leq t\}$ において ($X(0)=0$),
$$W_n=\inf\{t|X(t)=n\} \quad W_0=0,$$
$$T_n=W_n-W_{n-1} \quad (n=1,2,3,\cdots)$$
とおくと，$\{T_n\}$ は独立で，パラメーター λ の指数分布に従うことを示せ($\Pr\{|X(t+T_j)-X(T_j)|=0|T_j=\tau\}=\Pr\{|X(t)-X(0)|=0\}$ が成り立つとしてよい).

注. W_n は n 回目の飛躍が起こるまでの待ち時間，T_n は引き続いた飛躍の間の時間である.

4. 前問の W_n について，次のことを証明せよ：
(i) W_n の分布の密度関数は，
$$f(t)=\begin{cases}\lambda e^{-\lambda t}\dfrac{(\lambda t)^{n-1}}{(n-1)!} & (t>0), \\ 0 & (t<0)\end{cases}$$
(ガンマー分布)である.

(ii) $X(t)=n$ の下での，$W_1, W_2, \cdots, W_n$ の条件付の結合分布は，区間 $[0,t]$ に一様に分布する独立確率変数 $U_1, U_2, \cdots, U_n$ を大小の順に並べた $U_1'<U_2'<\cdots<U_n'$ (順序統計量)の結合分布に等しい．すなわち $0<t_1<t_2<\cdots<t_n<t$ に対して，

$$\Pr\{T_1 \leq t_1, T_2 \leq t_2, \cdots, T_n \leq t_n | X(t) = n\} = \frac{n!}{t^n} \int_0^{t_1} \int_{x_1}^{t_2} \cdots \int_{x_{n-2}}^{t_{n-1}} \int_{x_{n-1}}^{t_n} dx_n \cdots dx_1$$

が成り立つことを証明せよ.

5. 線型出生過程 $\{X(t)\}$ において, $X(0) = i$ のときの $X(t)$ の平均値および分散を求めよ.

6. 純出生過程 $\{X(t)\}$ において, $\lambda_j = \lambda + j\alpha$ $(\lambda, \alpha > 0)$ のとき,

$$\Pr\{X(t) = j | X(0) = 1\} = e^{-(\lambda+\alpha)t} \begin{pmatrix} -1-\dfrac{\lambda}{\alpha} \\ j-1 \end{pmatrix} (e^{-\alpha t} - 1)^{j-1} \qquad (j \geq 1)$$

であることを示せ. ここで m は任意の実数, n は正の整数のとき,

$$\binom{m}{n} = \frac{m(m-1)\cdots(m-n+1)}{n!}$$

である.

7. (ポリア過程) 純出生過程の方程式 (12.16), (12.17) で,

$$\lambda_j = \frac{1+\alpha j}{1+\alpha\lambda t}\lambda \qquad (\alpha, \lambda > 0)$$

のとき, $P_j(0) = \delta_{j,0}$ の下で $P_j(t)$ を求めよ. また, $\sum_{j=0}^{\infty} P_j(t) = 1$ であることを示せ (時間的に一様ではないマルコフ過程).

8. ポリア過程で $\alpha \to 0$ とするとどうなるか, また $\alpha = 1$ とおき時間のパラメーター t を $\tau = \dfrac{1}{t}\log(1+\lambda t)$ に変換するとどうなるか.

9. 純出生過程のコルモゴロフの方程式 (12.37) において, λ_j がすべて異なるとき, $P_{i,j}(t)$ のラプラス変換 $\hat{P}_{i,j}(\theta) = \int_0^{\infty} e^{-\theta t} P_{i,j}(t) dt$ は

$$\hat{P}_{i,j}(\theta) = \begin{cases} \sum_{\nu=i}^{j} \dfrac{A_{i,j}(\nu)}{\theta + \lambda_\nu} & (j \geq i), \\ 0 & (j < i). \end{cases}$$

の形であることを示し, これから $P_{i,j}(t)$ を求めよ.

10. 出生死滅過程の方程式 (12.39) において, $\lambda_j = \lambda(N-j)$, $\mu_j = j\mu$ $(0 \leq j \leq N)$, ならば, $X(0) = 0$ のとき $X(t)$ の分布は 2 項分布

$$\binom{N}{j} p^j q^{N-j} \qquad (0 \leq j \leq N)$$

であることを示せ. ただし,

$$p = \frac{\lambda[1 - e^{-(\lambda+\mu)t}]}{\lambda + \mu}, \qquad q = 1 - p$$

である.

11. 方程式 (12.39) で, $\lambda_j = j\lambda + \alpha$, $\mu_j = j\mu$, $P_i(0) = \delta_{i,0}$ のとき, $P_j(t)$ の母関数 $G(z,t) = \sum_{j=0}^{\infty} P_j(t) z^j$ は

$$\left(\frac{p}{1-qz}\right)^{\alpha/\lambda}$$

で与えられることを示せ．ここで，
$$p=\begin{cases}(\lambda-\mu)/(\lambda e^{(\lambda-\mu)t}-\mu) & (\lambda\neq\mu),\\(1+\lambda t)^{-1} & (\lambda=\mu),\end{cases} q=1-p.$$
また，$\lambda<\mu$ のとき $\lim_{t\to\infty}P_0(t)$ を求めよ．

12. コルモゴロフの方程式 (12.41) で $\lambda_j=0$ $(j=0,1,\cdots)$ のとき，純死滅過程という．$\mu_j=j\mu$ $(\mu>0)$ のとき
$$P_{i,j}(t)=\begin{cases}\binom{j}{i}e^{-j\mu t}(1-e^{-\mu t})^{i-j} & (j\leq i),\\0 & (i<j)\end{cases}$$
であることを示せ．また死滅するまでの時間
$$T=\inf\{t;X(t)=0|X(0)=i\}$$
の確率密度は，
$$i\mu e^{-\mu t}(1-e^{-\mu t})^{i-1} \quad (0<t<\infty)$$
であることを示せ．

13. $\lim_{t\to\infty}P_j(t)=p_j$ に関する方程式 (12.44), (12.45) において，
$$\lambda_j=\begin{cases}s\lambda & (j=0,1,\cdots,N-s),\\(N-j)\lambda & (j=N-s+1,\cdots,N),\end{cases}$$
$$\mu_j=j\mu \quad (j=0,1,2,\cdots N)$$
のとき，p_j を求めよ．

14. $\{N(t)\}$ をポアッソン過程，$\{Y_n\}$ を独立で同じ分布関数 $B(x)$ をもつ確率変数列とし，さらに $\{N(t)\}$ と $\{Y_n\}$ とは独立とする．このとき確率過程
$$X(t)=\sum_{n=1}^{N(t)}Y_n \quad (X(0)=0, N(0)=0)$$
は複合ポアッソン過程 (12.71) であることを示せ．

15. $X(t)$ を川底にある石の $t=0$ における位置からの距離とする．石はしばらくは動かないで，いくらかたってから動き出す $(t,t+\Delta t]$ 間に動き出す確率が $\lambda t+o(\Delta t)$ (t に無関係)，動く距離は分布関数 $B(x)$ をもつ確率変数とする．このとき，
$$\Pr\{X(t)\leq x|X(0)=0\}$$
を求めよ．

第5章 再生理論

§ 13. 再生関数

$\{T_n; n=1, 2, \cdots\}$ を $0 \leq x < \infty$ の値をとる独立な確率変数列とし，T_n の分布関数を

(13.1)
$$\Pr\{T_1 \leq x\} = K(x),$$
$$\Pr\{T_n \leq x\} = F(x) \quad (n \geq 2)$$

とする．ただし $K(x)$, $F(x)$ は単位分布ではないとする ($\Pr\{T_n=0\} < 1$)．

(13.2) $\quad S(0) = 0, \quad S(n) = \sum_{k=1}^{n} T_k \quad (n \geq 1)$

とおき，$S(n)$ の分布関数を $F_n(x)$ とすると，

(13.3)
$$F_0(x) = \begin{cases} 1 & (x \geq 0), \\ 0 & (x < 0), \end{cases} \quad F_1(x) = K(x),$$
$$F_{n+1}(x) = \int_{-\infty}^{\infty} F_n(x-y) \, dF(y) = \int_{-0}^{x} F_n(x-y) \, dF(y) \quad (n \geq 1).$$

いま，$t \geq 0$ に対して，

(13.4) $\quad N(t) = \max\{n | S(n) \leq t\}$

とおくと，$(0, 1, 2, \cdots)$ を状態空間とする確率過程 $\{N(t)\}$ が得られる（定理13.1 参照）．明らかに $N(t)+1$ はマルコフ連鎖 $\{S(n)\}$ が区間 $[0, t]$ から外に出た時刻を表わす．

たとえば時刻 t までに電球をどれくらいとりかえればよいかという問題を考えてみよう．電球の寿命は分布関数 $F(x)$ をもつ確率変数とする．$t=0$ で年齢 x_0 の電球があったとすると，この電球の余命 T_1 の分布関数は，

(13.5) $\quad K(x) = \dfrac{F(x+x_0) - F(x_0)}{1 - F(x_0)}$

である．初期の年齢 T_0 が分布関数 $G(x_0)$ をもつ確率変数とすると，

(13.6) $\quad K(x) = \displaystyle\int_0^{\infty} \dfrac{F(x+x_0) - F(x_0)}{1 - F(x_0)} \, dG(x_0)$

である．

§13. 再生関数

$t=T_1$ で最初の取り換え(再生)が起こり、この置きかえたものの寿命を T_2 とすると、$t=T_1+T_2$ で2回目の置きかえが起こる。このようにして進んでいく。(13.4)で定義された $N(t)$ は時間区間 $[0,t]$ での置きかえの回数を表わす。

例 13.1. T_n がすべてパラメーター λ の指数分布に従うとする。

(13.7) $$K(x)=F(x)=1-e^{-\lambda x} \quad (0\leq x<\infty).$$

このとき、$S(n)$ の分布関数 $F_n(x)$ はガンマー分布

(13.8) $$F_n(x)=1-e^{-\lambda x}\sum_{k=0}^{n-1}\frac{(\lambda x)^k}{k!} \quad (0\leq x<\infty),$$

$$F_n'(x)=\lambda e^{-\lambda x}\frac{(\lambda x)^{n-1}}{(n-1)!} \quad (0\leq x<\infty)$$

に従う。さて $N(t)=n$ ということは $S(n)\leq t$, $S(n+1)>t$ ということと同じである。$(T_k\geq 0)$ から、

(13.9) $$\Pr\{N(t)=n\}=F_n(t)-F_{n+1}(t)$$
$$=e^{-\lambda t}\frac{(\lambda t)^n}{n!},$$

(13.10) $$E\{N(t)\}=\lambda t, \quad V\{N(t)\}=\lambda t.$$

例 13.2.

(13.11) $\Pr\{T_k=1\}=p>0$, $\Pr\{T_k=0\}=q=1-p \quad (k=1,2,\cdots)$

のときは、明らかに $t=0,1,2,\cdots$ で再生が起こる。

(13.12) $$N_j=\min\{n|S(n)=j\}-\min\{n|S(n)=j-1\}$$

とおくと、

(13.13) $$N(t)+1=N_1+N_2+\cdots+N_{[t]+1}$$

が成り立ち、各 N_j は幾何分布

(13.14) $$\Pr\{N_j=n\}=q^{n-1}p$$

に従い、その積率母関数は $\theta<\log q^{-1}$ で存在する。

(13.15) $$M_j(\theta)=\sum_{n=1}^{\infty}e^{n\theta}q^{n-1}p=pe^{\theta}(1-qe^{\theta})^{-1} \quad (\theta<\log q^{-1}).$$

$N_1,N_2,\cdots,N_{[t]+1}$ は独立であるから $\bar{N}(t)=N(t)+1$ の積率母関数は、

(13.16) $$E[e^{\theta\bar{N}(t)}]=\left(\frac{pe^{\theta}}{1-qe^{\theta}}\right)^{[t]+1}.$$

したがって $N(t)$ の積率母関数も $\theta<\log q^{-1}$ で存在する.なお,(13.16)に対応する分布は負の2項分布と呼ばれるものである.

一般の $N(t)$ については,定理 9.6 と同様な次の定理が成り立つ.

定理 13.1. $N(t)$ は確率変数で,そのすべての次数の積率は有限である.すなわち,

(ⅰ) (13.17) $\quad\Pr\{N(t)<\infty\}=1,$

(ⅱ) (13.18) $\quad E\{[N(t)]^k\}<\infty\quad(k=1,2,\cdots).$

証明. $K(x),F(x)$ は単位分布ではないと仮定したから,

$$\Pr\{T_k=0\}<1\quad(k=1,2,3,\cdots).$$

したがって,

(13.19) $\quad p=\Pr\{T_k\geq\alpha\}>0$

なる $\alpha>0$ が存在する.$T_k\cdot\alpha^{-1}$ を考えることにより,$\alpha=1$ と仮定してよい.また,

(13.20) $\quad\bar{T}_k=\begin{cases}1 & (T_k\geq 1),\\ 0 & (T_k<1)\end{cases}$

とし,

(13.21) $\quad\bar{S}(0)=0,\quad\bar{S}(n)=\sum_{k=1}^{n}\bar{T}_k\quad(n\geq 1),$

(13.22) $\quad\bar{N}(t)=\max\{n|\bar{S}(n)\leq t\}$

とおくと,明らかに $\bar{S}(n)\leq S(n)$ であるから,

$$\bar{N}(t)\geq N(t).$$

例 13.2 から $\Pr\{\bar{N}(t)<\infty\}=1$,よって $\Pr\{N(t)<\infty\}=1$.また,同じく例 13.2 から($\log q^{-1}>0$ に注意して)ある正数 θ_0 に対して,$E(e^{\theta_0\bar{N}(t)})<\infty$.よって $E(e^{\theta_0 N(t)})<\infty$.

固定した k に対して n を十分大にとると,

$$n^k\leq e^{\theta_0 n}$$

が成り立つから,$E\{[N(t)]^k\}<\infty.$ (証明終)

定理 13.2. $P_n(t)=\Pr\{N(t)=n\}$ とおくと,

(13.23) $\quad P_n(t)=F_n(t)-F_{n+1}(t).$

また，

(13.24) $$U(t) = E\{N(t)\}$$

とおくと，

(13.25) $$U(t) = \sum_{n=1}^{\infty} F_n(t).$$

証明． (13.23) は既に例 13.1 で用いたが，念のため証明しておく．$T_k \geqq 0$ と $N(t)$ の定義から，

$$\Pr\{N(t) \geqq n\} = \Pr\{S(n) \leqq t\} = F_n(t).$$

したがって，

$$P_n(t) = \Pr\{N(t) \geqq n\} - \Pr\{N(t) \geqq n+1\}$$
$$= F_n(t) - F_{n+1}(t).$$

また，これを用いて，

(13.26) $$\sum_{k=1}^{n} k P_k(t) = \sum_{k=1}^{n} F_k(t) - n F_{n+1}(t),$$

$$n F_{n+1}(t) = n \sum_{k=n+1}^{\infty} P_k(t) \leqq \sum_{k=n+1}^{\infty} k P_k(t) \to 0 \quad (n \to \infty).$$

よって，(13.26) で $n \to \infty$ として，

$$U(t) = \sum_{n=1}^{\infty} F_n(t)$$

を得る． (証明終)

さて，時間区間 $[0, t]$ における再生の平均個数 $U(t)$ は，定理 13.1 から，すべての $t \geqq 0$ に対して有限である．この $U(t)$ を**再生関数**という．

$U(t)$ に関して次の基本的関係式が成り立つ．以下この章では簡単のために $F(0) = 0$ と仮定しておく．

定理 13.3．

再生関数 $U(t)$ は積分方程式

(13.27) $$U(t) = K(t) + \int_0^t U(t-\tau) dF(\tau)$$

を満たし，さらに任意の有限区間 $[0, t]$ で有界な解は $U(t)$ に限る(一意性)．

(13.27) の形の積分方程式を**再生方程式**という．

証明. (13.25) から,

$$U(t) = K(t) + \sum_{n=1}^{\infty} F_{n+1}(t)$$

$$= K(t) + \sum_{n=1}^{\infty} \int_0^t F_n(t-\tau) dF(t)$$

$$= K(t) + \int_0^t \sum_{n=1}^{\infty} F_n(t-\tau) dF(\tau)$$

$$= K(t) + \int_0^t U(t-\tau) dF(\tau).$$

すなわち (13.27) が得られた.

逆に $V(t)$ を任意の有限区間で有界な (13.27) の解とすると,

$$V(t) = K(t) + \int_0^t V(t-\tau) dF(\tau)$$

(13.28)
$$= K(t) + \int_0^t \left\{ K(t-\tau) + \int_0^{t-\tau} V(t-\tau-s) dF(s) \right\} dF(\tau)$$

$$= F_1(t) + F_2(t) + \int_0^t \left\{ \int_0^{t-\tau} V(t-\tau-s) dF(s) \right\} dF(\tau).$$

しかるに, 積分の順序の変更により,

$$\int_0^t \left\{ \int_0^{t-\tau} V(t-\tau-s) dF(s) \right\} dF(\tau) = \int_0^t \left[\int_\tau^t V(t-\sigma) dF(\sigma-\tau) \right] dF(\tau)$$

$$= \int_0^t V(t-\sigma) d\int_0^\sigma F(\sigma-\tau) dF(\tau)$$

$$= \int_0^t V(t-\sigma) dF_2(\sigma) \qquad (\tau+s=\sigma).$$

したがって,

$$V(t) = F_1(t) + F_2(t) + \int_0^t V(t-\sigma) dF_2(\sigma).$$

以下同様にして,

(13.29) $$V(t) = \sum_{k=1}^{n} F_k(t) + \int_0^t V(t-\sigma) dF_n(\sigma),$$

(13.30) $$\left| \int_0^t V(t-\sigma) dF_n(\sigma) \right| \leq \sup_{0 \leq \tau \leq t} |V(\tau)| \cdot F_n(t) \to 0.$$

よって, (13.29) で $n \to \infty$ として,

§ 13. 再 生 関 数

$$V(t) = \sum_{n=1}^{\infty} F_n(t) = U(t). \qquad \text{(証明終)}$$

ここで，再性方程式 (13.27) をラプラス変換を用いて解く方法を述べておく．

(13.31)
$$\hat{K}(s) = \int_0^\infty e^{-sx} dK(x), \qquad \hat{F}(s) = \int_0^\infty e^{-sx} dF(x),$$
$$\hat{U}(s) = \int_0^\infty e^{-sx} dU(s) \qquad (\Re s > 0).$$

(13.27) から

(13.32)
$$\hat{U}(s) = \hat{K}(s) + \hat{U}(s)\hat{F}(s),$$

$$|\hat{F}(s)| = \int_0^\infty e^{-sx} dF(x) < 1 \qquad (\Re s > 0).$$

したがって

(13.33)
$$\hat{U}(s) = \frac{\hat{K}(s)}{1 - \hat{F}(s)}.$$

これからラプラスの逆変換を用いて $U(t)$ を求める．
たとえば，
$$K(x) = F(x) = 1 - e^{-\lambda x}, \qquad F'(x) = \lambda e^{-\lambda x} \qquad (x \geq 0)$$
とすると，
$$\hat{K}(s) = \hat{F}(s) = \lambda(\lambda + s)^{-1}.$$

(13.33) から，
$$\hat{U}(s) = \frac{\lambda}{s} = \int_0^\infty e^{-st} \lambda dt = \int_0^\infty e^{-st} dU(t).$$

$U(0) = 0$ であるから $U(t) = \lambda t$．

$N(t)$ の極限分布について，次のことが成り立つ．

定理 13.4. $K(t) = F(t)$ とし，$\mu = E(T_n) < \infty$, $\sigma^2 = V(T_n) < \infty$ とするとき．

(13.34)
$$\Pr\left\{ \frac{N(t) - t/\mu}{\sqrt{t\sigma^2/\mu^3}} < x \right\} \to \frac{1}{\sqrt{2\pi}} \int_{-\infty}^x e^{-u^2/2} du \qquad (t \to \infty).$$

証明． $N(t)$ の定義から，
$$\Pr\{N(t) < n\} = \Pr\{S(n) > t\}.$$
いま，x を固定して，

(13.35)
$$t = n\mu - \sqrt{n}\,\sigma x$$

とおくと，

$$\Pr\{S(n)>t\} = \Pr\left\{\frac{S(n)-n\mu}{\sqrt{n}\,\sigma} > -x\right\}.$$

$n\to\infty$ とすると中心極限定理から，

(13.36) $\quad \Pr\{S(n)>t\} \to \dfrac{1}{\sqrt{2\pi}}\displaystyle\int_{-x}^{\infty} e^{-u^2/2}du = \dfrac{1}{\sqrt{2\pi}}\displaystyle\int_{-\infty}^{x} e^{-u^2/2}du.$

さて，

(13.37) $\quad \Pr\{N(t)<n\} = \Pr\left\{\dfrac{N(t)-t/\mu}{\sqrt{t\sigma^2/\mu^3}} < \dfrac{n-t/\mu}{\sqrt{t\sigma^2/\mu^3}}\right\}.$

(13.35) から，

(13.38) $\quad \dfrac{n-t/\mu}{\sqrt{t\sigma^2/\mu^3}} = x\sqrt{\dfrac{n\mu}{t}} = x\left(1 + \dfrac{x\sigma\sqrt{n}}{t}\right)^{1/2}.$

(13.35) を $\sqrt{n}$ に関する2次方程式とみて，$\sqrt{n}$ について解くと

$$\sqrt{n} = \frac{x\sigma + \sqrt{(x\sigma)^2 + 4t\mu}}{2\mu}.$$

これから $\sqrt{n}/t \to 0$ $(t\to\infty)$. よって (13.38) から，

$$\frac{n-t/\mu}{\sqrt{t\sigma^2/\mu^3}} \to x \quad (t\to\infty).$$

よって (13.36), (13.37) から (13.34) が得られる. （証明終）

この定理から，

$$E\{N(t)\} \sim \frac{t}{\mu}, \quad V\{N(t)\} \sim \frac{\sigma^2 t}{\mu^3}$$

となることが予想される．例 13.1 の場合は $E\{N(t)\}=t/\mu$ であった．一般の場合もこのことは漸近的に成り立つ．

定理 13.5.

(13.39) $\quad\quad\quad \dfrac{U(t)}{t} \to \dfrac{1}{\mu} \quad (t\to\infty).$

ここで $0<\mu=E(T_n)\leqq\infty$ $(n\geqq 2)$, $\mu=\infty$ のときは $1/\mu=0$ と考える．

証明． まず $\mu<\infty$ の時を考える．簡単のため $K(x)=F(x)$ としておく．

(13.40) $\quad\quad\quad N(t)+1=N, \quad S_N=t+Y(t)$

とおくと，$Y(t)$ は時刻 t で生きていた個体の余命を表わす．

(13.41) $\quad\quad\quad E\{t+Y(t)\} = E\{S_N\} = E(N)E(T_n)$

§13. 再生関数

$$= \mu E(N(t)+1) = \mu[U(t)+1]$$

(定理 9.7 参照).

これから

(13.42) $$\frac{U(t)}{t} + \frac{1}{t} = \frac{E\{Y(t)\}}{\mu t} + \frac{1}{\mu}.$$

$E\{Y(t)\} \geqq 0$ であるから,

(13.43) $$\frac{U(t)}{t} \geqq \frac{-1}{t} + \frac{1}{\mu}.$$

よって,

(13.44) $$\varliminf_{t \to \infty} \frac{U(t)}{t} \geqq \frac{1}{\mu}.$$

一方,

(13.45) $$\bar{T}_n = \begin{cases} T_n & (T_n \leqq A), \\ 0 & (T_n > A), \end{cases} \quad (n=1,2,\cdots), \quad A > 0$$

とおいて, 新しい再生過程

$$\bar{S}(0) = 0, \quad \bar{S}(n) = \sum_{k=1}^{n} \bar{T}_k$$

を考え,

$$\bar{N}(t) = \max\{n \mid \bar{S}(n) \leqq t\}, \quad \bar{U}(t) = E\{\bar{N}(t)\}.$$

さらに, 余命を $\bar{Y}(t)$ とすると, 明らかに,

$$\bar{Y}(t) \leqq A.$$

この過程に (13.42) を適用して,

(13.46) $$\frac{\bar{U}(t)}{t} + \frac{1}{t} \leqq \frac{A}{\mu_A t} + \frac{1}{\mu_A} \quad (\mu_A = E\{\bar{T}_n\}).$$

これから

(13.47) $$\varlimsup_{t \to \infty} \frac{\bar{U}(t)}{t} \leqq \frac{1}{\mu_A}.$$

しかし, $\bar{S}(n) \leqq S(n)$ であるから $N(t) \leqq \bar{N}(t)$. よって,

(13.48) $$U(t) \leqq \bar{U}(t).$$

(13.47) から

(13.49) $$\varlimsup_{t \to \infty} \frac{U(t)}{t} \leqq \frac{1}{\mu_A}.$$

ここで $A\to\infty$ として

(13.50) $$\varlimsup_{t\to\infty}\frac{U(t)}{t}\leqq\frac{1}{\mu}.$$

(13.44), (13.50) から (13.39) が出る.
$\mu=\infty$ のときは, (13.49) で $A\to\infty$ とすると, $\mu_A\to\infty$ であるから,

$$\frac{U(t)}{t}\to 0 \quad (t\to\infty).\qquad\text{(証明終)}$$

つぎに区間 $(t,t+h]$ での再生の個数を $N(t,h)$ とすると明らかに,

(13.51) $$N(t,h)=N(t+h)-N(t).$$

$N(t,h)$ の平均は,

(13.52) $$V(t,h)=E\{N(t,h)\}=U(t+h)-U(t).$$

定理 13.1, 13.2 から

(13.53) $$V(t,h)=\sum_{n=1}^{\infty}\Pr\{t<S(n)\leqq t+h\}<\infty.$$

$t\to\infty$ のときの $V(t,h)$ の様子を述べる前に, 分布関数(または確率変数)の分類をしておく.

T_n が離散的で, その分布関数が $d, 2d, 3d, \cdots\;(d>0)$ だけで増加するとき, $F(x)$ (または T_n)は**格子型**であるといい, この性質をもつ最大の d を**基本格子**ということにする.

定理 13.6 (再生定理) $F(x)$ が格子型でないときは, 任意の $h>0$ に対して

(13.54) $$U(t+h)-U(t)\to\frac{h}{\mu}\quad (t\to\infty).$$

$F(x)$ が基本格子 d をもつ格子型のときは, h が d の整数倍のとき (13.54) が成り立つ. $\mu=\infty$ のときは右辺は 0 と考える.

注. 格子型のとき $t=(n-1)d$, $h=d$ とすると, (13.54) は (13.53) から

(13.55) $$u_n=\sum_{k=1}^{\infty}\Pr\{s(k)=nd\}\to\frac{d}{\mu}\quad (n\to\infty)$$

となる.

定理の証明のためのいくつかの補助定理を述べておく.

補助定理 13.1. $V(t)=\sum_{n=0}^{\infty}F_n(t)=F_0(t)+U(t)$ とし, $g(t)$ を $t<0$ で 0 となる有界連続関数とすると,

(13.56) $$\varphi(t)=\int_0^t g(t-\tau)dV(\tau)$$

は，再生方程式

(13.57) $$\varphi(t)=g(t)+\int_0^t \varphi(t-\tau)dF(\tau)$$

の有界な(任意の有限区間で)一意の解である(ただし $K(x)=F(x)$ とする).

証明. 定理 13.3 と全く同様であるから略す．ただし $\int_0^t g(t-\tau)dF_0(\tau)=g(t)$ に注意すればよい．

補助定理 13.2. 固定した $h>0$ に対し，$V(t+h)-V(t)$ は t に関して一様有界である $(K(x)=F(x)$ とする).

証明. $t \geqq 0$ に対して

(13.58) $$\int_0^t \{1-F(t-\tau)\}dV(\tau)=V(t)-U(t)=F_0(t)=1$$

であるから，$0 \leqq t-a < t$ に対して

(13.59) $$\int_{t-a}^t \{1-F(t-\tau)\}dV(\tau) \leqq 1.$$

$F(x)$ は単位分布ではないから，a を十分小にとって，
$$1-F(a)>0$$
が成り立つようにできる．(13.59) から，
$$[1-F(a)][V(t)-V(t-a)] \leqq 1,$$
すなわち，

(13.60) $$V(t)-V(t-a) \leqq [1-F(a)]^{-1}.$$

幅 h の任意の区間は幅 a 以下の有限個の区間に分割できるから，補助定理 13.2 は証明されたことになる．

次に，定理 13.6 の証明の基本であり，またそれ自身興味のある補助定理を証明なしに述べておく(タウバー型の定理を用いる)[1].

補助定理 13.3. $(-\infty, \infty)$ で有界連続関数 $Z(x)$ が積分方程式

(13.61) $$Z(x)=\int_0^\infty Z(x-y)dF(y) \quad (Z=Z*F)$$

を満たすとき，

(13.62) (i) $F(x)$ が格子型でないときは，$Z(x)=$定数，
(ii) $F(x)$ が格子型のときは $Z(nd)=$一定 $(n=1,2,\cdots)$.

定理 13.6 の証明. 簡単のため $K(x)=F(x)$ として証明する．$K(x) \neq F(x)$ のときは両者の差は $F(t+h)-F(t)-\{K(t+h)-K(t)\} \to 0 \ (t \to \infty)$ であるから，$K(x)=F(x)$ のときだけで十分である．

$g(t)$ を $(-\infty, \infty)$ で連続的微分可能で，区間 $[0, h]$ の外では 0 になる関

---

[1] Feller "An Introduction to Probability Theory and Appiications" Volume II, pp.144〜145, pp.351〜352 参照.

数とすると，補助定理 13.1 から，

(13.63) $$\varphi(t) = \int_0^t g(t-\tau) dV(\tau)$$

は，

(13.64) $$\varphi(t) = g(t) + \int_0^t \varphi(t-\tau) dF(\tau)$$

を満たす．

$|g(t)|$ の最大値を $\|g\|$ で表わすと，$0 \leq t \leq h$ なる t に対して，

(13.65) $$|\varphi(t)| \leq \|g\| V(h).$$

また，$t>h$ なる t に対しては，(13.63) から，

(13.66) $$\varphi(t) = \int_{t-h}^t g(t-\tau) dV(\tau).$$

これから，

(13.67) $$|\varphi(t)| \leq \|g\| [V(t) - V(t-h)].$$

(13.65)，(13.67) および補助定理 13.2 から，

$$\sup_{0 \leq t} |\varphi(t)| \leq c \cdot \|g\|.$$

すなわち $\varphi(t)$ は有界である．

$g(t)$ に関する仮定から，

$$\varphi(t) = \int_0^\infty g(t-\tau) dV(\tau)$$

と書け，

$$|(\varDelta t)^{-1}[g(t+\varDelta t-\tau) - g(t-\tau)]| \leq \sup |g'(t)|$$

から，

$$\varphi'(t) = \int_0^\infty g'(t-\tau) dV(\tau) = \int_0^t g'(t-\tau) dV(\tau).$$

$\varphi(t)$ のときと同様にして $\varphi'(t)$ の有界性がでる．したがって，

$$\varphi(t_2) - \varphi(t_1) = \int_{t_1}^{t_2} \varphi'(t) dt$$

から，$\varphi(t)$ は一様連続であることがわかる．

いま，$Z_s(t) = \varphi(t+s)$ とおくと，上のことから，関数族 $\{Z_s(t)\}$ は一様有界，かつ同程度に連続である．したがって，$t_n \to \infty$ なる数列を適当にとり，

§ 13. 再生関数

$\{Z_{t_n}(t)\}$ が任意の有限区間で一様収束するようにできる. $\zeta(t)=\lim_{n\to\infty} Z_{t_n}(t)$ は有界連続な関数である.

(13.64) から,

(13.68) $$Z_{t_n}(t) = g(t+t_n) + \int_0^{t+t_n} Z_{t_n}(t-\tau)\,dF(\tau).$$

$n\to\infty$ として,

(13.69) $$\zeta(t) = \int_0^\infty \zeta(t-\tau)\,dF(\tau).$$

補助定理 13.3 から,

(13.70) $F(t)$ が格子型でないときは, $\zeta(t)=$ 定数,
$F(t)$ が格子型のときは, $\zeta(nd)=$ 一定

となる.

さて, $t>h$ として (13.64) を 0 から t まで積分すると,

$$\int_0^h g(s)\,ds = \int_0^t \varphi(s)\,ds - \int_0^t ds \int_0^s \varphi(s-\tau)\,dF(\tau)$$
$$= \int_0^t \varphi(t-\tau)\,d\tau - \int_0^t \left[\int_0^{t-\tau} \varphi(s)\,ds\right] dF(\tau)$$
$$= \int_0^t \varphi(t-\tau)\,d\tau - \left[F(\tau)\int_0^{t-\tau}\varphi(s)\,ds\right]_0^t - \int_0^t F(\tau)\varphi(t-\tau)\,d\tau$$
$$= \int_0^t \varphi(t-\tau)\,d\tau - \int_0^t F(\tau)\varphi(t-\tau)\,d\tau,$$

すなわち

(13.71) $$\int_0^t \varphi(t-\tau)[1-F(\tau)]\,d\tau = \int_0^h g(s)\,ds \quad (t>h).$$

いま $t_n\to\infty$ を $\varphi(t_n-\tau)\to\zeta(-\tau)=c$ になるようにとると, (13.71) から,

(13.72) $$c\int_0^\infty [1-F(\tau)]\,d\tau = \int_0^h g(s)\,ds.$$

ところで, 非負の値をとる確率変数の平均 μ は ∞ も許して,

$$\mu = \int_0^\infty [1-F(x)]\,dx$$

が成り立つから,

(13.73) $$c = \begin{cases} \dfrac{1}{\mu}\int_0^h g(s)\,ds & (0<\mu<\infty), \\ 0 & (\mu=\infty). \end{cases}$$

かくして,

(13.74) $$\int_{t_n-h}^{t_n} g(t_n-\tau)\,dV(\tau) \to \frac{1}{\mu}\int_0^h g(s)\,ds$$

が示された. ところで任意の $t_n \to \infty$ なる数列から (13.74) が成り立つ部分列がとれる. したがって,

(13.75) $$\int_{t-h}^{t} g(t-\tau)\,dV(\tau) \to \frac{1}{\mu}\int_0^h g(s)\,ds.$$

これは $[0,h]$ の外で 0 で連続的微分可能な関数 $g(t)$ について証明されたが, このような関数は $[0,h]$ で連続な関数の空間で一様収束の意味で稠密であるから, (13.75) は $[0,h]$ の連続な関数に対して成り立つ. したがって $g(t) \equiv 1$ として,

$$U(t)-U(t-h) = V(t)-V(t-h) \to \frac{h}{\mu} \quad (t\to\infty).$$

これで格子型でないときの証明は終った. 格子型のときは, $h=kd$, $t=nd$ ($n\to\infty$) ととればよい. $nd \leq t < (n+1)d$ のとき, $U(t)-U(t-kd) = U(nd) - U(nd-kd)$ に注意する. (証明終)

定理 13.6 を少し拡張しておこう.

定理 13.7. $Q(t)$ が減少(広義)関数で, $Q(t) \geq 0$ かつ可積分とする:

(13.76) $$\int_0^\infty Q(t)\,dt < \infty.$$

このとき,

(13.77) $$\int_0^t Q(t-\tau)\,dU(\tau) \to \frac{1}{\mu}\int_0^\infty Q(\tau)\,d\tau \quad (t\to\infty)$$

が成り立つ. $\mu=\infty$ のときは極限値は 0 と考える.

証明. $$\int_0^t Q(t-\tau)\,dU(\tau) = I_1 + I_2,$$

$$I_1 = \int_0^{t/2} Q(t-\tau)\,dU(\tau), \quad I_2 = \int_{t/2}^{t} Q(t-\tau)\,dU(\tau)$$

とおく. 単調性から,

$$I_1 \leq Q\left(\frac{t}{2}\right)U\left(\frac{t}{2}\right) = \frac{t}{2}Q\left(\frac{t}{2}\right) \cdot U\left(\frac{t}{2}\right)\bigg/\frac{t}{2}.$$

(13.76) から $\frac{t}{2}Q\left(\frac{t}{2}\right) \to 0$ $(t\to\infty)$, また定理 13.5 から $U\left(\frac{t}{2}\right)\big/\frac{t}{2} \to \mu^{-1}$ $(t\to\infty)$. よって,

(13.78) $\qquad\qquad I_1 \to 0 \qquad (t\to\infty).$

つぎに,

$$Q = \int_0^\infty Q(t)\,dt = \sum_{n=0}^\infty \int_{nh}^{(n+1)h} Q(t)\,dt$$

において, $Q(t)$ の単調性から,

(13.79) $\qquad\qquad h\sum_{n=0}^\infty Q(nh+h) \leq Q \leq h\sum_{n=0}^\infty Q(nh).$

これから,

(13.80) $\qquad \lim_{h\to 0} h\sum_{n=0}^\infty Q(nh+h) = \lim_{h\to 0} h\sum_{n=0}^\infty Q(nh) = Q.$

$h>0$ を固定して, $[t/2h]=N$ とおくと,

$$I_2 = \int_{t/2}^t Q(t-\tau)\,dU(\tau) = \int_0^{t/2} Q(s)[-dU(t-s)]$$

から

(13.81)
$$\sum_{n=0}^{N-1} Q(nh+h)\{U(t-nh)-U(t-nh-h)\}$$
$$\leq I_2 \leq \sum_{n=0}^N Q(nh)\{U(t-nh)-U(t-nh-h)\}.$$

$t-nh \geq t/2$ であるから, $t\to\infty$ とすると n に関して一様に,

(13.82) $\qquad U(t-nh)-U(t-nh-h) \to \dfrac{h}{\mu} \qquad (t\to\infty).$

よって, (13.81) で $t\to\infty$ として,

(13.83) $\qquad \dfrac{1}{\mu}\sum_{n=0}^\infty hQ(nh+h) \leq \varlimsup_{t\to\infty} I_2 \leq \dfrac{1}{\mu}\sum_{n=0}^\infty hQ(nh).$

ここで, $h\to 0$ とすると (13.80) から,

(13.84) $\qquad\qquad I_2 \to \dfrac{1}{\mu}\int_0^\infty Q(t)\,dt.$

(13.78), (13.84) から (13.77) が出る.

(証明終)

この定理の応用として，格子型でない場合の $t-S(N(t))$ の分布の極限を求めてみよう．

$0 \leqq x < t$ として，
$$\Pr\{t-S(N(t))\leqq x\} = \Pr\{S(N(t))\geqq t-x\}.$$

$N(t) = 1, 2, 3, \cdots$ に分けて

(13.85)
$$\begin{aligned}
\Pr\{S(N(t))\geqq t-x\} &= \sum_{n=1}^{\infty} \Pr\{t-x\leqq S(n)<t, S(n+1)>t\} \\
&= \sum_{n=1}^{\infty} \int_{t-x}^{t} \Pr\{S(n+1)>t|S(n)=\tau\} dF_n(\tau) \\
&= \sum_{n=1}^{\infty} \int_{t-x}^{t} \Pr\{T_{n+1}>t-\tau|S(n)=\tau\} dF_n(\tau) \\
&= \sum_{n=1}^{\infty} \int_{t-x}^{t} \Pr\{T_{n+1}>t-\tau\} dF_n(\tau) \\
&= \int_{t-x}^{t} [1-F(t-\tau)] dU(\tau).
\end{aligned}$$

$$Q(s) = \begin{cases} 1-F(s) & (0\leqq s\leqq x), \\ 0 & (s>x) \end{cases}$$

とおくと，(13.85) は，
$$\Pr\{t-S(N(t))\leqq x\} = \int_{0}^{t} Q(t-\tau) dU(\tau).$$

明らかに $Q(t)$ は定理 13.7 の条件を満たすから
$$\Pr\{t-S(N(t))\leqq x\} \to \frac{1}{\mu}\int_{0}^{\infty} Q(s) ds \quad (t\to\infty).$$

すなわち，

(13.86)
$$\Pr\{t-S(N(t))\leqq x\} \to \frac{1}{\mu}\int_{0}^{x} [1-F(s)] ds.$$

($\mu=\infty$ のときは，極限値は 0 と考える．)

$\mu<\infty$ のときは，極限分布は，密度関数
$$\mu^{-1}[1-F(s)] \qquad (s\geqq 0)$$

をもつことがわかった．

$S(N(t)+1)-t$ についても全く同じ結論が得られる．

§14. 再帰事象

非負の整数値をとる独立な確率変数列 $\{X(n); n=1, 2, \cdots\}$ において,

(14.1)
$$\Pr\{X(1)=j\} = b_j \quad (j=0, 1, 2, \cdots),$$
$$\Pr\{X(n)=j\} = a_j \quad (j=0, 1, 2, \cdots; n\geq 2) \quad (a_0<1).$$

$j \neq \nu d$ のとき,
$$b_j = 0, \quad a_j = 0$$

なる整数 $d>1$ が存在するとき, 再帰過程 $\{S(n)\}$ は周期的という. ここで $S(n) = \sum_{k=1}^{n} X(k)$, $S(0) = 0$.

$$\mu = E(X(n)) = \sum_{j=0}^{\infty} j a_j \leq \infty,$$

(14.2) $\quad \Pr\{S(k)=j\} = a_j(k) \quad (j=0, 1, 2, \cdots; k=1, 2, \cdots)$

とおくと,

(14.3)
$$a_j(1) = b_j,$$
$$a_j(k) = \sum_{\nu=0}^{j} a_{j-\nu}(k-1) a_\nu \quad (k \geq 2).$$

§13 と同様に,

(14.4) $\quad N_n = \max\{k | S(k) \leq n\}$

とおく.

定理 13.2 から,

(14.5) $\quad \Pr\{N_n = k\} = \sum_{j=0}^{n} a_j(k) - \sum_{j=0}^{n} a_j(k+1),$

(14.6) $\quad U(n) = E(N_n) = \sum_{k=1}^{\infty} \sum_{j=0}^{n} a_j(k) = \sum_{j=0}^{n} \sum_{k=1}^{\infty} a_j(k),$

(14.7) $\quad u_j = \sum_{k=1}^{\infty} a_j(k) = \sum_{k=1}^{\infty} \Pr\{S(k) = j\}$

とおくと,

(14.8) $\quad U(n) = \sum_{j=0}^{n} u_j.$

この場合の再生方程式は,

(14.9) $$U(n) = \sum_{j=0}^{n} b_j + \sum_{m=0}^{n} U(n-m) a_m.$$

$u_n = U(n) - U(n-1)$ を用いて書き直すと,

(14.10) $$u_n = b_n + \sum_{m=0}^{n} u_{n-m} a_m.$$

(14.10) を離散的な場合の再生方程式という.

定理 13.6 をこの場合に適用すると,

(14.11) 非周期的の場合 $u_n \to \mu^{-1}$ $(n \to \infty)$,
周期 d の場合 $u_{nd} \to d \cdot \mu^{-1}$ $(n \to \infty)$.

($U(n+1) - U(n)$, または $U((n+1)d) - U(nd)$ を考えるとよい.)

再帰事象

事象列 $\varepsilon = \{E(1), E(2), \cdots\}$ について, すべての正の整数の組

$$n_1 < n_2 < \cdots < n_r$$

に対して,

(14.12) $$\Pr\{E(n_1) E(n_2) \cdots E(n_r)\}$$
$$= \Pr\{E(n_1)\} \Pr\{E(n_2 - n_1),\} \cdots \Pr\{E(n_r - n_{r-1})\}$$

が成り立つとき, ε を**再帰事象**という.

$$u_n = \Pr\{E(n)\}$$

とおくと, (14.12) は,

(14.13) $$\Pr\{E(n_1) E(n_2) \cdots E(n_r)\} = u_{n_1} u_{n_2 - n_1} \cdots u_{n_r - n_{r-1}}.$$

事象 $E(n)$ が起こったとき, 時刻 n で事象 ε が起こったということにする.

(14.12) から

(14.14) $$\Pr\{E(n_1) E(n_2) \cdots E(n_k) \cdots E(n_r)\}$$
$$= \Pr\{E(n_1) \cdots E(n_k)\} \Pr\{E(n_{k+1} - n_k) \cdots E(n_r - n_{r-1})\}.$$

さらに帰納法によって,

(14.15) $$\Pr\{E^c(n_1) \cdots E^c(n_{k-1}) E(n_k) \cdots E(n_r)\}$$
$$= \Pr\{E^c(n_1) \cdots E^c(n_{k-1}) E(n_k)\} \Pr\{E(n_{k+1} - n_k) \cdots E(n_r - n_{r-1})\}$$

が示される (E^c は E の余事象).

(14.16) $$f_n = \Pr[\varepsilon が時刻 n で初めて起こる]$$
$$= \Pr\{E^c(1) \cdots E^c(n-1) E(n)\} \quad (n \geq 1),$$

§14. 再帰事象

$$f_0 = 0.$$

さらに $u_0 = 1$ とおく（時刻 0 では ε が起こったものと考える）．

マルコフ連鎖の時と同様にして，

(14.17) $\qquad u_n = f_n + \sum_{m=1}^{n-1} u_{n-m} f_m \qquad (n \geq 1).$

$u_0 = 1$, $f_0 = 0$ を用いて，この式は

(14.18) $\qquad u_0 = 1, \quad u_n = \sum_{m=0}^{n} u_{n-m} f_m$

と書ける．

$\sum_{n=1}^{\infty} f_n = 1$ か $\sum_{n=1}^{\infty} f_n < 1$ かに従って，ε は再帰的または一時的であるという．

マルコフ連鎖の時と同様にして，

(14.19) $\qquad \begin{aligned} \varepsilon \text{ が再帰的} &\leftrightarrow \sum_{n=0}^{\infty} u_n = \infty, \\ \varepsilon \text{ が一時的} &\leftrightarrow \sum_{n=0}^{\infty} u_n < \infty. \end{aligned}$

さらに，$f_n = 0$ $(n \neq \nu d)$ なる整数 $d > 1$ が存在するとき，ε は周期的といい，このような最大の整数 d を周期という．

ε が一時的なら (14.19) から，

(14.20) $\qquad u_n \to 0 \qquad (n \to \infty).$

ε が再帰的ならば (14.18) と (14.10) を比べて，

(14.21) $\qquad \begin{aligned} \text{周期的でないとき} & \quad u_n \to \frac{1}{\mu} \qquad (n \to \infty), \\ \text{周期 } d \text{ のとき} & \quad u_{nd} \to \frac{d}{\mu} \qquad (n \to \infty). \end{aligned}$

ここで $\mu = \sum_j j f_j \leq \infty$, $\mu = \infty$ のときは極限値は 0 と考える．
($a_j \to f_j$, $b_0 = 1$, $b_j = 0$ $(j \geq 1)$, $a_0 = f_0 = 0$ に注意せよ．)

ε が再帰的，すなわち $\sum_j f_j = 1$ のときは (14.18) から，

$$\Pr\{T_k = j\} = f_j \quad (k \geq 2), \qquad \Pr\{T_1 = 0\} = 1$$

で与えられる再生過程を考えることができる．

T_k $(k \geq 2)$ は ε が続いて起こる時間間隔，$E(T_k) = \mu = \sum_j j f_j$ は平均再帰時

間, $f_j(k) = \Pr\{S(k) = j\}$ は時刻 j で k 番目の ε が起こる確率である. したがって,

(14.22) $$u_j = \sum_{k=1}^{\infty} f_j(k)$$

は時刻 j で ε が起こる確率である.

さて $(0, n]$ で ε が起こった回数を N_n とすると,

$$E(N_n) = u_1 + u_2 + \cdots + u_n.$$

((14.8) 参照, 今の場合 $(0, n]$ であることに注意.)

さて, $E(T_k) = \mu < \infty$, $V(T_k) = \sigma^2 < \infty$ のとき, $E(N_n)$, $V(N_n)$ の漸近的性質を調べてみよう.

補助定理 14.1. $F(t)$ を $\{f_j\}$ の母関数とするとき,

(14.23) $$F(t) = \sum_{j=1}^{\infty} f_j t^j,$$

(14.24) $$\sum_{n=1}^{\infty} E(N_n) t^n = \frac{1}{1-t} \frac{F(t)}{1-F(t)} \quad (|t|<1),$$

(14.25) $$\sum_{n=1}^{\infty} E\{[N_n]^2\} t^n = \frac{1}{1-t} \frac{F(t) + [F(t)]^2}{[1-F(t)]^2} \quad (|t|<1).$$

証明. $P_n(z)$ を N_n の母関数とする.

(14.26) $$P_n(z) = \sum_{k=0}^{\infty} \Pr\{N_n = k\} z^k \quad (|z|<1).$$

(14.5) から

(14.27) $$\Pr\{N_n = k\} = \sum_{j=1}^{n} [f_j(k) - f_j(k+1)],$$

(14.28) $$Q(z, t) = \sum_{n=1}^{\infty} P_n(z) t^n \quad (|t|<1)$$

とおき, $Q(z, t)$ を変形する.

(14.25), (14.27) から,

(14.29) $$Q(z, t) = \sum_{n=1}^{\infty} \left\{ \sum_{k=0}^{\infty} \left(\sum_{j=1}^{n} [f_j(k) - f_j(k+1)] \right) z^k \right\} t^n$$

$$= \sum_{k=0}^{\infty} z^k \sum_{n=1}^{\infty} \left(\sum_{j=1}^{n} [f_j(k) - f_j(k+1)] \right) t^n,$$

$$\sum_{n=1}^{\infty} \left(\sum_{j=1}^{n} [f_j(k) - f_j(k+1)] \right) t^n = \sum_{j=1}^{\infty} [f_j(k) - f_j(k+1)] \sum_{n=j}^{\infty} t^n$$

$$= \frac{1}{1-t} \sum_{j=1}^{\infty} (f_j(k) t^j - f_j(k+1) t^j)$$

$$= \frac{1}{1-t} [(F(t))^k - (F(t))^{k+1}].$$

これを (14.29) に代入すると,

§ 14. 再 帰 事 象

(14.30) $$Q(z,t) = \frac{1}{1-t} \cdot \frac{1-F(t)}{1-zF(t)}.$$

(14.30) を z で2回微分し，それぞれ $z=1$ とおくと，

(14.31) $$\sum_{n=1}^{\infty} P_n'(1)t^n = \frac{1}{1-t} \frac{F(t)}{1-F(t)},$$

(14.32) $$\sum_{n=1}^{\infty} P_n''(1)t^n = \frac{2}{1-t} \cdot \frac{[F(t)]^2}{[1-F(t)]^2}.$$

$$P_n'(1) = E(N_n), \qquad P_n''(1) = E([N_n]^2) - E(N_n)$$

を (14.31), (14.32) に代入して (14.24), (14.25) を得る.

定理 14.1. 事象 ε が非周期的，再帰的で，再帰時間が有限な平均 μ および分散 σ^2 をもつとき，

(i) (14.33) $$E(N_n) = \frac{n}{\mu} + \frac{\sigma^2 + \mu - \mu^2}{2\mu^2} + o(1),$$

(ii) (14.34) $$V(N_n) = \frac{n\sigma^2}{\mu^3} + o(n).$$

証明.

(14.35) $$q_n = \sum_{j=n+1}^{\infty} f_j, \quad r_n = \sum_{j=n+1}^{\infty} q_j \qquad (n \geq 0),$$

(14.36) $$Q(t) = \sum_{n=0}^{\infty} q_n t^n, \quad R(t) = \sum_{n=0}^{\infty} r_n t^n \qquad (|t|<1)$$

とおくと

$$(1-t)Q(t) = q_0 + \sum_{n=1}^{\infty}(q_n - q_{n-1})t^n$$

$$= 1 - \sum_{n=1}^{\infty} f_n t^n = 1 - F(t).$$

$r_0 = \sum_{n=1}^{\infty} nf_n = \mu$ に注意すると，上と同様にして，

$$(1-t)R(t) = \mu - Q(t).$$

よって

(14.37) $$Q(t) = \frac{1-F(t)}{1-t}, \quad R(t) = \frac{\mu - Q(t)}{1-t},$$

$$\sum_{n=0}^{\infty} q_n = Q(1) = F'(1) = \mu < \infty,$$

(14.38) $$\sum_{n=0}^{\infty} r_n = R(1) = Q'(1) = \frac{1}{2}F''(1) = \frac{1}{2}\sum_{n=2}^{\infty} n(n-1)f_n < \infty.$$

(14.24) の右辺を (14.37) を用いて $Q(t), R(t)$ で表わすと,

(14.39)
$$\sum_{n=1}^{\infty} E[N_n]t^n = \frac{1}{(1-t)^2 Q(t)} - \frac{1}{1-t}$$
$$= \frac{\mu - Q(t)}{\mu(1-t)^2 Q(t)} + \frac{1}{\mu(1-t)^2} - \frac{1}{1-t}$$
$$= \frac{R(t)}{\mu[1-F(t)]} + \frac{1}{\mu(1-t)^2} - \frac{1}{1-t}.$$

(14.40)
$$\frac{R(t)}{\mu[1-F(t)]} = \sum_{n=0}^{\infty} g_n t^n, \quad (|t|<1)$$

とすると,

(14.41)
$$\sum_{n=0}^{\infty} E[N_n]t^n = \sum_{n=0}^{\infty} g_n t^n + \frac{1}{\mu} \sum_{n=0}^{\infty} (n+1)t^n - \sum_{n=0}^{\infty} t^n.$$

(14.38), (14.40) から,

(14.42)
$$\lim_{n\to\infty} g_n = \lim_{t\to 1-0} \frac{1-t}{\mu[1-F(t)]} R(t) = \frac{R(1)}{\mu^2}$$
$$= \frac{F''(1)}{2\mu^2} = \frac{\sigma^2 + \mu^2 - \mu}{2\mu^2}.$$

(14.41), (14.42) から,

$$E\{N_n\} = g_n + \frac{n+1}{\mu} - 1 = \frac{n}{\mu} + \frac{\sigma^2 - \mu^2 + \mu}{2\mu^2} + o(1).$$

すなわち (14.33) が得られた.

$V(N_n)$ については, 補助定理の (14.25) から,

(14.43)
$$\sum_{n=1}^{\infty} E\{[N_n]^2\} t^n = \frac{1}{1-t} \frac{F(t) + [F(t)]^2}{[1-F(t)]^2}$$
$$= \frac{2 - 3(1-t)Q(t) + (1-t)^2[Q(t)]^2}{(1-t)^3 [Q(t)]^2}$$
$$= \frac{2[\mu^2 - [Q(t)]^2 + [Q(t)]^2]}{\mu^2 (1-t)^3 [Q(t)]^2} - \frac{3}{(1-t)^2 Q(t)} + \frac{1}{1-t}$$
$$= \frac{1}{1-t} + \frac{2}{\mu^2 (1-t)^3} + \frac{1}{1-F(t)} \cdot \sum_{n=0}^{\infty} h_n t^n.$$

ここで

(14.44)
$$\sum_{n=0}^{\infty} h_n t^n = \frac{1}{1-t} \left\{ 2 \frac{R(t)[\mu + Q(t)]}{\mu^2 Q(t)} - 3 \right\},$$

$$\text{(14.18)} \qquad u_0 = 1, \qquad u_n = \sum_{m=1}^{n} u_{n-m} f_m$$

であるから,

$$\text{(14.45)} \qquad U(t) = 1 + \sum_{n=1}^{\infty} u_n t^n$$

とおけば

$$\text{(14.46)} \qquad U(t) - 1 = U(t) F(t), \qquad U(t)(1 - F(t)) = 1.$$

(14.44) から

$$\text{(14.47)} \quad \begin{aligned} \lim_{n \to \infty} h_n &= \lim_{t \to 1-0} (1-t) \sum_{n=0}^{\infty} h_n t^n \\ &= \lim_{t \to 1-0} \left\{ 2 \frac{R(t)[\mu + Q(t)]}{\mu^2 Q(t)} - 3 \right\} \\ &= \frac{4R(1)}{\mu^2} - 3 = \frac{2\sigma^2 - \mu^2 - 2\mu}{\mu^2}. \end{aligned}$$

この右辺を h とおく.

$$\frac{1}{1-F(t)} \sum_{n=0}^{\infty} h_n t^n = U(t) \sum_{n=0}^{\infty} h_n t^n \text{ の } t^n \text{ の係数は,}$$

$$\sum_{m=0}^{n} u_m h_{n-m} = \sum_{m=0}^{n} \left(\frac{1}{\mu} + \varepsilon_m \right)(h + \eta_{n-m}).$$

$\varepsilon_n \to 0$, $\eta_n \to 0$ $(n \to \infty)$ であるから,

$$\sum_{m=0}^{n} \varepsilon_m = o(n), \qquad \sum_{m=0}^{n} \eta_m = o(n).$$

したがって,

$$\text{(14.48)} \qquad \sum_{m=0}^{n} u_m h_{n-m} = \frac{n}{\mu} h + o(n).$$

(14.43), (14.47), (14.48) から,

$$\text{(14.49)} \quad \begin{aligned} E(N_n^2) &= \frac{(n+1)(n+2)}{\mu^2} + n \frac{2\sigma^2 - \mu^2 - 2\mu}{\mu^3} + o(n) \\ &= \frac{n^2}{\mu^2} + n \frac{2\sigma^2 - \mu^2 + \mu}{\mu^3} + o(n), \\ V(E_n) &= E(N_n^2) - [E(N_n)]^2 \\ &= \frac{n^2}{\mu^2} + n \frac{2\sigma^2 - \mu^2 + \mu}{\mu^3} - \frac{n^2}{\mu^2} - n \frac{\sigma^2 - \mu^2 + \mu}{\mu^3} + o(n) \end{aligned}$$

$$= \frac{n\sigma^2}{\mu^3} + o(n).$$

これで (14.34) が示された.　　　　　　　　　　　　　　　　　　　　　（証明終）

問 題 5

1. $F(x)=1-e^{-\lambda x}$ ($\lambda>0$) なる再生過程において, 最初, 年齢 x_0 で出発したとき, 最初の個体の余命 T_1 の分布関数 $K(x)$ を求めよ.

2. $K(t)=F(t)$ なる再生過程 $\{S(n)\}$ における再生の個数 $N(t)$ の平均値 $U(t)$ が λt に等しいとき, $F(t)$ はどうなるか.

3. $K(t)=F(t)$ のとき $E\{N(t)\}=U(t)$ によって $F(t)=\Pr\{T_j \leq t\}$ が定まることを示せ.

4. 再生過程 $\{S(n)\}$ において $Y(t)$ を余命とする. すなわち,
$$Y(t)=S(N(t)+1)-t.$$
寿命の分布関数 $F(t)$ が $F(t)=1-e^{-\lambda t}$ のとき,
$$\Pr\{Y(t) \leq x\}$$
を求めよ. ただし最初年齢 x_0 で出発するものとする.

5. $K(t)=F(t)=1-e^{-\lambda t}$ なる再生過程に対応する再生の個数の確率過程 $\{N(t)\}$ はポアッソン過程であることを証明せよ.

6. $N(t)$ と余命 $Y(t)=S(N(t)+1)-t$ の分布の間に次の関係があることを示せ.
$$\Pr\{N(t+s)-N(s)=0\}=\Pr\{Y(s)>t\},$$
$$\Pr\{N(t+s)-N(s)=n\}=\int_0^t \Pr\{N(t-\tau)=n-1\}dF_s(\tau).$$
ここで, $F_s(\tau)=\Pr\{Y(s) \leq \tau\}$ とする.

7. 再生方程式
$$g(t)=m+\int_0^t g(t-\tau)dF(\tau)$$
の解は $g(t)=m\{E[N(t)]+1\}$ であることを示せ.
（ここで, m は定数, $F(t)$ は分布関数, $F(t)=0$ ($t \leq 0$).）

8. 前問の結果を用いて,
$$E\{S(N(t)+1)\}=E(T_j)[E[N(t)]+1]=t+E\{Y(t)\}$$
が成り立つことを示せ.

9. 有界関数 $g(t)$ が再生方程式
$$g(t)=Q(t)+\int_0^t g(t-\tau)dF(\tau)$$
を満たすとき, $g(t)$ は,
$$g(t)=Q(t)+\int_0^t Q(t-\tau)dU(\tau)$$

で与えられることを示せ．また $Q(t)$ が定理 13.7 の条件を満たすとき，
$$\lim_{t\to\infty} g(t) = \frac{1}{\mu}\int_0^\infty Q(t)\,dt$$
が成り立つことを示せ．ここで $\mu = E\{T_j\}$, $U(t) = E\{N(t)\}$ である ($F(t) = K(t)$, 格子型でないとする)．

10. $g(t,x) = \Pr\{Y(t) > x\}$ は，
$$g(t,x) = 1 - F(t+x) + \int_0^t g(t-\tau, x)\,dF(\tau)$$
を満たすことを示し，前問を用いて，
$$\lim_{t\to\infty} \Pr\{Y(t) \leq x\} = \frac{1}{\mu}\int_0^x [1 - F(t)]\,dt$$
を証明せよ ($Y(t) = S(N(t)+1) - t$, 格子型でないとする)．

11. 再生過程において，最初の個体の年齢を $X(0)$，時刻 t で生きている個体の年齢を $X(t)$ とすると，
$$X(t) = \begin{cases} t + X(0) & (N(t) = 0), \\ t - S(N(t)) & (N(t) > 0) \end{cases}$$
である．このとき，次のことが成り立つことを示せ：
$$\Pr\{X(t) \leq x \mid X(0) = x_0\} = \begin{cases} \int_{t-x}^t [1 - F(t-\tau)]\,dU(\tau) & (0 \leq x < t), \\ \dfrac{F(x_0 + t) - F(x_0)}{1 - F(x_0)} & (t \leq x < t + x_0), \\ 1 & (t + x_0 \leq x). \end{cases}$$

12. 再生過程 $\{S(n)\}$ に対応する確率過程 $\{N(t)\}$ の 2 次の積率 $E\{N(t)^2\}$ を $m_2(t)$ とするとき，
$$m_2(t) = U(t) + 2\int_0^t U(t-\tau)\,dU(\tau)$$
が成り立つことを証明せよ．

13. 再生過程が格子型でないとき，$E\{T_j^2\} = \mu_2$, $E\{T_j\} = \mu$ とすると，
$$\lim_{t\to\infty}\left\{U(t) - \frac{t}{\mu}\right\} = \frac{\mu_2}{2\mu^2} - 1$$
が成り立つことを証明せよ $\left(Q(t) = \dfrac{1}{\mu}\int_t^\infty (1 - F(\tau))\,d\tau\right.$ に定理 13.7 を適用せよ$\left.\right)$．

14. $\{X(n)\}$ をマルコフ連鎖とするとき，j を固定して事象 $E_n = \{X(n) = j\}$ を考えると，
$$\varepsilon = \{E_1, E_2, E_3, \cdots, E_n, \cdots\}$$
は再帰事象であることを示せ．再帰事象の結果を適用して $\lim_{n\to\infty} P_{j,j}(n)$ を求めよ．

15. $\{X(n)\}$ を同じ分布をもつ独立確率変数列，$S(n) = \sum_{k=1}^n X(k)$ とするとき，$E_n = \{S(n) = 0\}$ とおけば，

$$\varepsilon = \{E_1, E_2, \cdots, E_n, \cdots\}$$

は再帰事象であることを示せ．またこの再帰事象は一時的であることを示せ．ただし $\Pr\{X(n)=0\}<1$ とする．

第6章 連続マルコフ過程

§15. コルモゴロフの方程式

$\{X(t); t \geqq 0\}$ を実数値をとるマルコフ過程とする.すなわち,すべての $t_1 < t_2 < \cdots < t_n < t$ に対して,

(15.1) $\quad \Pr\{X(t) \leqq x | X(t_1), \cdots, X(t_n)\} = \Pr\{X(t) \leqq x | X(t_n)\}$

が成り立つとする.

$0 \leqq \tau < t,\ -\infty < x, y < \infty$ に対して

(15.2) $\quad F(x, \tau; y, t) = \Pr\{X(t) \leqq y | X(\tau) = x\}$

とおくと

(15.3) $\quad F(x, \tau; y, t) \geqq 0,$
$\quad F(x, \tau; -\infty, t) = 0, \quad F(x, \tau; +\infty, t) = 1.$

さらに,チャプマン・コルモゴロフの方程式

(15.4) $\quad F(x, \tau; y, t) = \int_{-\infty}^{\infty} d_z F(x, \tau; z, s) F(z, s; y, t) \quad (\tau < s < t)$

が成り立つ.なお,

(15.5) $\quad F(x, t; y, t) = \begin{cases} 0 & (y < x), \\ 1 & (y \geqq x) \end{cases}$

とする.

$\{X(t)\}$ が時間的に一様なら,$F(x, \tau; y, t)$ は $t - \tau$ の関数であるから,

(15.6) $\quad F(x, \tau; y, \tau+t) = F(x, y, t) = \Pr\{X(t) \leqq y | X(0) = x\}.$

(15.4) は,

(15.7) $\quad F(x, y, t+s) = \int_{-\infty}^{\infty} d_z F(x, z, t) F(z, y, s).$

$F(x, y, t)$ が密度関数 $f(x, y, t)$ を持つときは,

(15.8) $\quad f(x, y, t+s) = \int_{-\infty}^{\infty} f(z, y, s) f(x, z, t) dz.$

初期分布を $F_0(x) = \Pr\{X(0) \leqq x\}$ とすると

(15.9) $\quad \Pr\{X(t) \leqq x\} = \int_{-\infty}^{\infty} F(y, x, t) dF_0(y)$

である．以下時間的に一様なマルコフ過程のみを考える．

ここでは，特に短い時間間隔では，状態の変化もごくわずかであるようなものを考える．そこで次の仮定を設ける．

(a) (15.10) $$\lim_{t\to 0}\frac{1}{t}\int_{|y-x|>\delta}d_y F(x,y,t)=0,$$

(b) (15.11) $$\lim_{t\to 0}\frac{1}{t}\int_{|y-x|\leq\delta}(y-x)d_y F(x,y,t)=b(x),$$

(c) (15.12) $$\lim_{t\to 0}\int_{|y-x|\leq\delta}(y-x)^2 d_y F(x,y,t)=a(x)>0.$$

(a), (b), (c)を満たすマルコフ過程を**連続マルコフ過程**という．

まずマルコフ連鎖の極限として得られる確率過程の例をあげてみよう．

例 1. 制限のないランダム・ウォークの推移確率は，

$$P_{i,j}=\begin{cases} p & (j=i+1), \\ q & (j=i-1), \\ 0 & 他. \end{cases} \quad (p>0,\ q>0,\ p+q=1),$$

n 次の推移確率は，

(15.13) $\qquad P_{i,j}(n)=v(j-i,n) \qquad (-\infty<i,j<\infty).$

ここで

(15.14) $$v(x,n)=\binom{n}{\frac{n+x}{2}}p^{(n+x)/2}q^{(n-x)/2}.$$

x は時刻 n における粒子の全変位を表わし，

$$v(x,n)=P_{0,x}(n)=\binom{n}{k}p^k q^{n-k},$$

$$k-(n-k)=x.$$

$\Pr\{X=x\}=v(x,n)$ なる確率変数の平均と分散はそれぞれ，

(15.15) $\qquad E(X)=n(p-q), \qquad V(X)=4npq.$

いま，1歩で $\varDelta x$ だけ動き，それに要する時間を $\varDelta t$ とする．すなわち，時刻 t での全変位量を $X(t)$ とすると

(15.16) $$\Pr\{X(t)=x\}=v\left(\frac{x}{\varDelta x},\frac{t}{\varDelta t}\right).$$

§15. コルモゴロフの方程式

$X(t)$ の平均,分散はそれぞれ,

(15.17) $\quad E(X(t)) = \dfrac{t}{\Delta t}(p-q)\Delta x = t(p-q)\dfrac{\Delta x}{\Delta t}$,

(15.18) $\quad V(X(t)) = \dfrac{t}{\Delta t}4pq(\Delta x)^2 = 4tpq\dfrac{(\Delta x)^2}{\Delta t}$.

いま,$C, D > 0$ を定数とし,

(15.19) $\quad \dfrac{(\Delta x)^2}{\Delta t} = D, \quad p = \dfrac{1}{2} + \dfrac{C}{2D}\Delta x, \quad q = \dfrac{1}{2} - \dfrac{C}{2D}\Delta x$

とおくと,$E(X(t)), V(X(t))$ の $\Delta t \to 0$(したがって $\Delta x \to 0$)のときの極限値は,それぞれ

(15.20) $\quad m(t) = Ct, \quad \sigma^2(t) = Dt$.

$X(t)$ は n 個の独立変数の和であるから Δt が小(n は大,Δx は小)なるとき,$X(t)$ が $E(X(t)) + x_1\sqrt{V(X(t))}$ と $E(X(t)) + x_2\sqrt{V(X(t))}$ の間 ($x_1 < x_2$) にある確率は,

(15.21) $\quad \dfrac{1}{\sqrt{2\pi}\,\sigma(t)}\int_{x_1}^{x_2}\exp\left\{-\dfrac{1}{2}\left[\dfrac{x-m(t)}{\sigma(t)}\right]^2\right\}dx$

に近い.

一方 v に関する漸化式

(15.22) $\quad v(j, n+1) = pv(j-1, n) + qv(j+1, n)$

を上の単位で書きなおすと,すなわち,

$$v(j, n) = u(x, t), \quad x = j\Delta x, \quad t = n\Delta t$$

とおけば,

$$u(x, t+\Delta t) = pu(x-\Delta x, t) + qu(x+\Delta x, t).$$

p, q に (15.19) を代入し,形式的にテーラー展開を用いると,

$$u(x,t) + \dfrac{\partial u}{\partial t}\Delta t + 0(\Delta t) = \left[\dfrac{1}{2} + \dfrac{C}{2D}\Delta x\right]\left[u(x,t) - \dfrac{\partial u}{\partial x}\Delta x + \dfrac{\partial^2 u}{\partial x^2}(\Delta x)^2\right]$$

$$+ \left[\dfrac{1}{2} - \dfrac{C}{2D}\Delta x\right]\left[u(x,t) + \dfrac{\partial u}{\partial x}\Delta x + \dfrac{1}{2}\dfrac{\partial^2 u}{\partial x^2}(\Delta x)^2\right]$$

$$+ o(\Delta x)^2.$$

これを整頓して,極限を考えると,

(15.23) $\quad \dfrac{\partial u}{\partial t} = -C\dfrac{\partial u}{\partial x} + \dfrac{D}{2}\dfrac{\partial^2 u}{\partial x^2}$.

これは，フォッカー・プランクの方程式と呼ばれるものである．極限分布の密度関数

(15.24) $$f(x,t) = \frac{1}{\sqrt{2\pi\,Dt}} \exp\left\{-\frac{1}{2}\frac{(x-Ct)^2}{Dt}\right\}$$

が (15.23) を満たすことは容易に確かめられる．

さて，一般にマルコフ過程 $X(t)$ が条件（a），（b），（c）を満たすとき，不連続の場合と同様に，適当な条件の下で $F(x,y,t)$ の満たす微分方程式を導くことができる．

定理 15.1. $F(x,y,t)$ が条件（a），（b），（c）を満たし，

(15.25) $$\frac{\partial}{\partial x}F(x,y,t), \quad \frac{\partial^2}{\partial x^2}F(x,y,t)$$

が (x,t) の連続関数であるとき，$F(x,y,t)$ は微分方程式

(15.26) $$\frac{\partial}{\partial t}F(x,y,t) = \frac{1}{2}a(x)\frac{\partial^2}{\partial x^2}F(x,y,t) + b(x)\frac{\partial}{\partial x}F(x,y,t)$$

を満たす．

この微分方程式と初期条件 $F(x,y,0) = H(y-x)$ を一緒にしたものを，コルモゴロフの後向きの方程式という．

注.

(15.27) $$u(x,t) = \int_{-\infty}^{\infty} u(y)\,dy\,F(x,y,t)$$

についても，$u(x,t)$ が (15.25) を満たすならば，

$$\frac{\partial}{\partial t}u(t,x) = \frac{1}{2}a(x)\frac{\partial^2}{\partial x^2}u(t,x) + b(x)\frac{\partial}{\partial x}u(t,x)$$

が成り立つ．この場合，初期条件は $u(x,0) = u(x)$ である．

(15.27) を $u(x)$ を $u(x,t)$ に移す変換とみて，

$$u(x,t) = T_t u$$

と書くと，$T_s(T_t u) = T_{s+t} u$ が成り立つ．

証明． 区間 $(0,t+h]$ を $(0,h]$ と $(h,t+h]$ に分けて $(h>0)$，

$$\frac{1}{h}\{F(x,y,t+h) - F(x,y,t)\}$$

(15.28) $$= \frac{1}{h}\int_{-\infty}^{\infty}[F(z,y,t) - F(x,y,t)]d_z F(x,z,h)$$

$$= I_1 + I_2,$$

§ 15. コルモゴロフの方程式

$$I_1 = \frac{1}{h}\int_{|z-x|>\delta}, \qquad I_2 = \frac{1}{h}\int_{|z-x|\leq\delta}.$$

条件（a）から，

(15.29) $$|I_1| \leq \frac{2}{h}\int_{|z-x|>\delta} d_z F(x, z, h) \to 0 \qquad (h \to 0).$$

$F(z, y, t)$ を z の関数とみて x を中心として展開すると，

(15.30)
$$F(z, y, t) = F(x, y, t) + (z-x)\frac{\partial}{\partial x}F(x, y, t)$$
$$+ \frac{(z-x)^2}{2}\frac{\partial^2}{\partial x^2}F(x, y, t) + o(z-x)^2.$$

$$I_2 = \frac{\partial}{\partial x}F(x, y, t)\frac{1}{h}\int_{|z-x|\leq\delta}(z-x)d_z F(x, z, h)$$
$$+ \frac{1}{2}\frac{\partial^2}{\partial x^2}F(x, y, t)\frac{1}{h}\int_{|z-x|\leq\delta}(z-x)^2 d_z F(x, z, h)$$
$$+ \frac{1}{h}\int_{|z-x|\leq\delta} o(z-x)^2 d_z F(x, z, h).$$

条件（b），（c）から，

$$I_2 \to \frac{1}{2}a(x)\frac{\partial^2}{\partial x^2}F(x, y, t) + b(x)\frac{\partial}{\partial x}F(x, y, t) \qquad (h \to 0).$$

したがって $F(x, y, t)$ の t に関する右方微分係数は存在して，(15.26) の右辺に等しい．左方微分係数についても同様に証明される（$\partial F/\partial x, \partial^2 F/\partial x^2$ の (x, t) に関する連続性を用いる）． (証明終)

$F(x, y, t)$ が（a），（b），（c）を満たし，$F(x, y, t)$ が密度関数 $f(x, y, t)$ をもつとき，適当な条件の下で $f(x, y, t) = f(y, t)$ は，

(15.31) $$\frac{\partial f}{\partial t} = \frac{1}{2}\frac{\partial^2}{\partial y^2}[a(y)f(y, t)] - \frac{\partial}{\partial y}[b(y)f(y, t)]$$

を満たすことが示される．

また，

$$u(t, y) = \int_{-\infty}^{\infty} f(x, y, t)u(x)dx$$

についても (15.31) が成り立つ．

(15.31) をコルモゴロフの前向きの方程式（拡散の方程式，フォッカー・プランクの方程式）という．

(15.26),(15.31) について，解の存在や一意性について論ずることはやめて，重要な特殊な例について解を求めてみよう．

例 2. ウィーナー過程

$$a(x)=D \quad (\text{定数}), \qquad b(x)=0$$

の場合である．前向き，後向きの方程式は一致して，

(15.32) $$\frac{\partial f}{\partial t}=\frac{D}{2}\frac{\partial^2 f}{\partial x^2}.$$

これは熱伝導の方程式である．以後簡単のため $D=1$ とする．

(15.33) 境界条件 $f(x_0, x, t) \to 0, \quad \dfrac{\partial f}{\partial x}(x_0, x, t) \to 0 \qquad (x \to \pm\infty)$,

(15.34) 初期条件 $f(x_0, x, t) \to \delta(x-x_0) \qquad (t \to 0)$

の下で (15.32) を解いてみよう．

$f(x_0, x, t)$ の特性関数を

$$\varphi(x_0; t, \theta) = \int_{-\infty}^{\infty} e^{i\theta x} f(x_0, x, t)\, dx$$

とおくと，境界条件 (15.33) から，

(15.35)
$$i\theta \varphi(x_0; t, \theta) = \int_{-\infty}^{\infty} e^{i\theta x}\frac{\partial f}{\partial x}\, dx,$$
$$-\theta^2 \varphi(x_0; x, t) = \int_{-\infty}^{\infty} e^{i\theta x}\frac{\partial^2 f}{\partial x^2}\, dx.$$

したがって，(15.32) から

(15.36) $$\frac{d\varphi}{dt} = -\frac{1}{2}\theta^2 \varphi.$$

初期条件 (15.34) から，

$$\varphi(x_0; 0, \theta) = \int_{-\infty}^{\infty} e^{i\theta x} \delta(x-x_0)\, dx = e^{i\theta x_0}.$$

これを初期条件として，(15.36) を解くと，

(15.37) $$\varphi(x_0; t, \theta) = \exp\left\{ ix_0\theta - \frac{t}{2}\theta^2 \right\}.$$

これは，平均 x_0，分散 t の正規分布の特性関数である．したがって，

(15.38) $$f(x_0, x, t) = \frac{1}{\sqrt{2\pi t}} \exp\left\{-\frac{1}{2t}(x-x_0)^2\right\}.$$

これから，この過程は空間的にも一様（加法過程）であることがわかる．

例 3． オルンステイン・ウーレンベック過程

この過程はブラウン運動をしている粒子の速度に関する数学的モデルとして取り扱われたものである．

微分方程式は

(15.39) $$\frac{\partial f}{\partial t} = \rho \frac{\partial}{\partial x}(xf) + \frac{D}{2}\frac{\partial^2}{\partial x^2} f$$

である．境界条件 $xf \to 0$, $\frac{\partial f}{\partial x} \to 0$ $(x \to \pm\infty)$，初期条件 $f \to \delta(x-x_0)$ の下で，(15.39) の解を求めてみよう．

特性関数を $\varphi(x_0; t, \theta)$ とすると，

(15.40) $$\int_{-\infty}^{\infty} e^{i\theta x} \frac{\partial}{\partial x}(xf) dx = (-i\theta)\int_{-\infty}^{\infty} xf e^{i\theta x} dx = -\theta \frac{\partial \varphi}{\partial \theta}.$$

(15.35) と (15.39) から，

(15.41) $$\frac{\partial \varphi}{\partial t} + \rho\theta \frac{\partial \varphi}{\partial \theta} = -\frac{D}{2}\theta^2 \varphi.$$

$\psi = e^{D\theta^2/4\rho}\varphi$ とおいて，ψ に関する方程式に変換すると，

(15.42) $$\frac{\partial \psi}{\partial t} + \rho\theta \frac{\partial \psi}{\partial \theta} = 0.$$

これは一階線形偏微分方程式である．

$$\frac{d\theta}{dt} = \rho\theta \quad \text{から} \quad \theta e^{-\rho t} = c \ (\text{定数}).$$

よって，

(15.43) $$\psi = H(\theta e^{-\rho t}), \quad e^{D\theta^2/4\rho}\varphi = H(\theta e^{-\rho t}).$$

ここで，H は任意の関数である．

$$\varphi(x_0; \theta, 0) = e^{ix_0\theta}$$

から (15.43) で $t=0$ とおいて，

$$H(\theta) = \exp\left\{ix_0\theta + \frac{D}{4\rho}\theta^2\right\}.$$

したがって，(15.43) から，

(15.44) $$\varphi(x_0;\theta,t)=\exp\left\{i\theta m(t)-\frac{1}{2}\theta^2\sigma^2(t)\right\}.$$

ここで,

(15.45) $$m(t)=x_0 e^{-\rho t}, \qquad \sigma^2(t)=\frac{D}{2\rho}(1-e^{-2\rho t}).$$

よって, $f(x_0;x,t)$ は平均 $m(t)$, 分散 $\sigma^2(t)$ が (15.45) で与えられる正規分布の密度関数である.

§ 16. 最小通過時間

$\{X(t);t\geqq 0\}$ を時間的に一様な連続マルコフ過程とする. この節では $X(t)$ の標本関数は確率 1 で連続関数であると仮定して論ずる.

$$X(0)=x_0, \qquad -\infty\leqq a<x_0<b\leqq\infty,$$
$$F(x_0;x,t)=\Pr\{X(t)\leqq x|X(0)=x_0\}$$

とし,

(16.1) $\quad T=T(x_0;a,b)=\inf\{t|X(t)\leqq a,\text{ または } X(t)\geqq b\}$

とおく. T は区間 (a,b) の最小通過時間である.

連続性の仮定から, $T=t$ というのは, 時刻 t で初めて区間の境界に達することである. T の分布関数

(16.2) $$G_{a,b}(x_0,t)=\Pr\{T\leqq t\}$$

を考える. $X(t)$ に対して T でとめた確率過程を $Y(t)$ とする.

(16.3) $\quad Y(0)=x_0, \qquad Y(t)=\begin{cases}X(t) & (t<T),\\ X(T) & (t\geqq T).\end{cases}$

これは a,b に吸収壁があるときの拡散過程である.

さて,

(16.4) $$H(x_0;y,t)=\Pr\{Y(t)\leqq y|Y(0)=x_0\}$$

とおけば

(16.5) $$\Pr(T>t)=\int_a^b d_y H(x_0;y,t).$$

したがって,

(16.6) $$G_{a,b}(x_0,t)=1-\int_a^b d_y H(x_0;y,t).$$

§16. 最小通過時間

a, b のうち一方が無限大のとき,

(16.7) $\qquad G_p(x_0, t) = \begin{cases} G_{p,\infty}(x_0, t) & (x_0 > p), \\ G_{-\infty, p}(x_0, t) & (x_0 < p) \end{cases}$

と書くことにする.

さて, $0 = p < x_0$ の場合を考えよう.

x_0 から 0 に達する道を考えることにより,

(16.8) $\qquad F(x_0; 0, t) = \int_0^t d_\tau G_0(x_0, \tau) F(0; 0, t - \tau)$

が成り立つことがわかる. もし分布が原点に関して対称, すなわち,

(16.9) $\qquad F(x_0; x, t) = 1 - F(-x_0; -x, t)$

が成り立つとすると,

(16.10) $\qquad F(0; 0, t) = \dfrac{1}{2}.$

よって, (16.8) から,

$$F(x_0; 0, t) = \dfrac{1}{2} G_0(x_0, t),$$

(16.11) $\qquad G_0(x_0, t) = \Pr\{T \leq t\} = 1 - \int_0^\infty d_y H(x_0; y, t) = 2 F(x_0; 0, t).$

たとえば, ウィーナー過程

$$f(x_0; x, t) = \dfrac{1}{\sqrt{2\pi Dt}} \exp\left\{ -\dfrac{1}{2Dt}(x - x_0)^2 \right\}$$

は明らかに (16.9) が成り立つから, $x_0 > 0$ から出発して t 以前に原点に達する確率は,

(16.12) $\qquad \begin{aligned} G_0(x_0, t) &= 2 \int_{-\infty}^0 \dfrac{1}{\sqrt{2\pi Dt}} \exp\left\{ -\dfrac{1}{2Dt}(x - x_0)^2 \right\} dx \\ &= \sqrt{\dfrac{2}{\pi}} \int_{-\infty}^{-x_0/\sqrt{Dt}} e^{-y^2/2} dy. \end{aligned}$

したがって, $G_0(x_0, t)$ は密度関数を持ち,

(16.13) $\qquad \dfrac{d}{dt} G_0(x_0, t) = g(x_0, t) = \dfrac{x_0}{t} f(x_0; 0, t).$

つぎに H の密度関数を求めてみよう.

$$\Pr\{0 < X(t) \leq x \mid X(0) = x_0\}$$

$$= \Pr\{0<X(t)\leq x,\ T>t|X(0)=x_0\} + \Pr\{0<X(t)\leq x,\ T\leq t|X(0)=x_0\}$$
$$= \Pr\{0<Y(t)\leq x|Y(0)=x_0\} + \Pr\{0<X(t)\leq x,\ T\leq t|X(0)=x_0\}.$$

右辺の第2項は,
$$\Pr\{0<X(t)\leq x,\ T\leq t|X(0)=x_0\}$$
$$= \int_0^t \Pr\{0<X(t-\tau)\leq x|X(0)=0\}\,d_\tau G_0(x_0,\tau).$$

分布の対称性から, この式は,
$$\int_0^t \Pr\{-x\leq X(t-\tau)<0|X(0)=0\}\,d_\tau G_0(x_0,\tau)$$
$$= \Pr\{-x\leq X(t)<0|X(0)=x_0\} = \Pr\{0<X(t)\leq x|X(0)=-x_0\}.$$

よって
$$\Pr\{0<Y(t)\leq x|Y(0)=x_0\} = \Pr\{0<X(t)\leq x|X(0)=x_0\}$$
$$-\Pr\{0<X(t)\leq x|X(0)=-x_0\}.$$

したがって,

(16.14) $$\frac{dH}{dx} = h(x_0;x,t) = f(x_0;x,t) - f(-x_0;x,t).$$

(ケルビンの鏡像の原理)

これを (16.11) に代入すると再び (16.12) を得る.

$h(x_0;x,t)$ は,
$$\frac{\partial h}{\partial t} = \frac{D}{2}\frac{\partial^2 h}{\partial x^2} \quad (0<x),$$

境界条件 $\quad h\to 0,\ \dfrac{\partial h}{\partial x}\to 0 \quad (x\to\infty),$

$$h(x_0;0,t) = 0,$$

初期条件 $\quad h(x_0;x,t) = \delta(x-x_0) \quad (t\to 0)$

を満たす.

さて, $F(x_0;x,t)$, $G_p(x_0;t)$ が共に密度関数 $f(x_0;x,t)$, $g_p(x_0,t)$ を持ち, その t に関するラプラス変換を, それぞれ,

(16.15) $\hat{f}(x_0;x,\theta) = \displaystyle\int_0^\infty e^{-\theta t} f(x_0;x,t)\,dt,\ \hat{g}_p(x_0,\theta) = \int_0^\infty e^{-\theta t} g_p(x_0,t)\,dt$

とする. これらについて次のことが成り立つ.

§16. 最小通過時間

定理 16.1. $x_0 < p < x$ または $x_0 > p > x$ のとき,

(16.16) $$\hat{g}_p(x_0, \theta) = \frac{\hat{f}(x_0; x, \theta)}{\hat{f}(p; x, \theta)}.$$

証明. (16.8) と同様にして, $x_0 < p < x$ または $x_0 > p > x$ のとき,

(16.17) $$f(x_0; x, t) = \int_0^t g_p(x_0, \tau) f(p; x, t-\tau) d\tau.$$

すなわち, t の関数として, $f(x_0; x, t)$ は $g_p(x_0, t)$ と $f(p; x, t)$ とのたたみこみである. したがって,

(16.18) $$\hat{f}(x_0; x, \theta) = \hat{g}_p(x_0, \theta) \hat{f}(p; x, \theta).$$

すなわち (16.16) を得る. (証明終)

(16.18) から $\hat{f}(x_0; x, \theta)$ は x_0 だけの関数と x だけの関数との積であるから,

(16.19) $$\hat{f}(x_0; x, \theta) = \begin{cases} \xi_1(x_0)\eta_1(x) & (x_0 < x), \\ \xi_2(x_0)\eta_2(x) & (x_0 > x) \end{cases}$$

とおくと, $\hat{g}_p(x_0, \theta)$ は次の形に表わされる.

(16.20) $$\hat{g}_p(x_0, \theta) = \begin{cases} \xi_1(x_0)/\xi_1(p) & (x_0 < p), \\ \xi_2(x_0)/\xi_2(p) & (x_0 > p). \end{cases}$$

この ξ_1, ξ_2 とコルモゴロフの後向きの方程式との関係を示す次の定理が成り立つ.

定理 16.2. 密度関数 $f(x_0; x, t)$ が,

(16.21) $$\frac{\partial f}{\partial t} = \frac{1}{2} a(x_0) \frac{\partial^2 f}{\partial x_0^2} + b(x_0) \frac{\partial f}{\partial x_0},$$

(16.22) $$f(x_0; x, t) \to 0 \quad (x_0 \to \pm \infty),$$
$$f(x_0; x, 0) = \delta(x - x_0)$$

を満たすとき,

(16.23) $$\hat{g}_p(x_0, \theta) = \begin{cases} \xi_1(x_0, \theta)/\xi_1(p, \theta) & (x_0 < p), \\ \xi_2(x_0, \theta)/\xi_2(p, \theta) & (x_0 > p). \end{cases}$$

ここで, $\xi_1(x_0) = \xi_1(x_0, \theta)$, $\xi_2(x_0) = \xi_2(x_0, \theta)$ は,

(16.24) $$\theta \xi = \frac{1}{2} a(x_0) \frac{d^2 \xi}{dx_0^2} + b(x_0) \frac{d\xi}{dx_0}$$

の1次独立な解で，$\xi_1(-\infty)=0$, $\xi_2(+\infty)=0$ を満たす．

証明． (16.21) の両辺の t に関するラプラス変換をとると，

$$(16.25) \quad -\delta(x-x_0)+\theta\hat{f}(x_0;x,\theta)=\frac{1}{2}a(x_0)\frac{d^2\hat{f}}{dx_0^2}+b(x_0)\frac{d\hat{f}}{dx_0}.$$

すなわち，$\hat{f}(x_0;x,\theta)$ は微分作用素 $\left[-\frac{1}{2}a(x_0)\dfrac{d^2}{dx_0^2}-b(x_0)\dfrac{d}{dx_0}+\theta\right]$, および境界条件 $\hat{f}\to 0$ $(x_0\to\pm\infty)$ に対するグリーン関数である．

したがって，(16.24) の $\xi_1(-\infty)=0$, $\xi_2(+\infty)=0$ を満たす1次独立な解を $\xi_1(x_0,\theta)$, $\xi_2(x_0,\theta)$ とすると，

$$(16.26) \quad \hat{f}(x_0;x,\theta)=\begin{cases}c\xi_1(x_0,\theta)\xi_2(x,\theta) & (x_0<x),\\ c\xi_1(x,\theta)\xi_2(x_0,\theta) & (x_0>x).\end{cases}$$

(ここで c は定数．)

定理 16.1 の (16.16) から，

$$\hat{g}_p(x_0,\theta)=\begin{cases}\xi_1(x_0,\theta)/\xi_1(p,\theta) & (x_0<p),\\ \xi_2(x_0,\theta)/\xi_2(p,\theta) & (x_0>p).\end{cases}$$

(証明終)

例 1. ウィーナー過程で，$x_0=0$, $p>0$ すなわち原点から出発したウィーナー過程で点 p に吸収壁が置かれた場合を考える．このとき (16.21) は，

$$(16.27) \quad \theta\xi=\frac{1}{2}\frac{d^2\xi}{dx_0^2} \quad (D=1).$$

$$\xi_1=e^{\sqrt{2\theta}\,x_0}, \quad \xi_2=e^{-\sqrt{2\theta}\,x_0},$$

$$(16.28) \quad \hat{g}_p(0,\theta)=\frac{\xi_1(0)}{\xi_1(p)}=e^{-\sqrt{2\theta}\,p}.$$

ラプラスの逆変換をとって

$$(16.29) \quad g_p(0,t)=\frac{p}{\sqrt{2\pi t^3}}\exp\left\{-\frac{p^2}{2t}\right\},$$

$$(16.30) \quad \Pr(T<\infty)=\lim_{\theta\to 0}\hat{g}_p(0,\theta)=1.$$

また，対称性から (16.13) と (16.29) は一致する(x_0 が p に代わる)．

例 2. ウィーナー過程で原点に吸収壁を置いたときの推移確率の密度関数 (16.14) $h(x_0;x,t)$ をラプラス変換を用いて求めよう．$x_0>0$, $x>0$ として，

§ 16. 最小通過時間

x_0 から x に達する道を，原点を通らずに x に達する道と，原点に達しそれから x に達する道とに分けて考えると，

(16.31) $\quad f(x_0;x,t) = h(x_0;x,t) + \int_0^t g_0(x_0,\tau) f(0,x,t-\tau) d\tau.$

ラプラス変換をとって

(16.32) $\quad \hat{f}(x_0;x,\theta) = \hat{h}(x_0;x,\theta) + \hat{g}_0(x_0,\theta)\hat{f}(0;x,\theta).$

$\dfrac{1}{\sqrt{t}} e^{-a^2/2t}$ のラプラス変換が $\sqrt{\pi/\theta}\, e^{-a\sqrt{2\theta}}$ であることを用いて，

(16.33)
$$\hat{f}(x_0;x,\theta) = \frac{1}{\sqrt{2\theta}} e^{-\sqrt{2\theta}|x-x_0|} \quad (D=1),$$
$$\hat{f}(0;x,\theta) = \frac{1}{\sqrt{2\theta}} e^{-x\sqrt{2\theta}}.$$

また例 1 から，

$$\hat{g}_0(x_0,\theta) = \frac{\xi_2(x_0)}{\xi_2(0)} = e^{-x_0\sqrt{2\theta}}.$$

したがって，

(16.34) $\quad \hat{h}(x_0;x,\theta) = \dfrac{1}{\sqrt{2\theta}} \{ e^{-|x-x_0|\sqrt{2\theta}} - e^{-(x+x_0)\sqrt{2\theta}} \}.$

よって，逆変換により，

$$h(x_0;x,t) = f(x_0;x,t) - f(-x_0;x,t).$$

これは (16.14) と一致する．

$0 < x_0 < x$ のとき，x_0 から出発したウィーナー過程が原点を通ることなく初めて x に達する時刻が t 以下である確率の確率密度を $g_{\bar{0},x}(x_0,t)$ とすると，(16.31), (16.32) を導いた同じ考えで

(16.35) $\quad \hat{h}(x_0;x,\theta) = \hat{g}_{\bar{0},x}(x_0,t)\hat{h}(x;x,\theta).$

(16.34) から，

(16.36) $\quad \hat{g}_{\bar{0},x}(x_0,\theta) = \dfrac{e^{x_0\sqrt{2\theta}} - e^{-x_0\sqrt{2\theta}}}{e^{x\sqrt{2\theta}} - e^{-x\sqrt{2\theta}}} = \dfrac{\sinh x_0 \sqrt{2\theta}}{\sinh x \sqrt{2\theta}}.$

問題 6

1.
$$f(x;y,t) = \frac{1}{\sqrt{2\pi Dt}} \exp\left\{-\frac{1}{2Dt}(y-x-Ct)^2\right\}$$
は,
$$\frac{\partial f}{\partial t} = -2C\frac{\partial f}{\partial y} + \frac{D}{2}\frac{\partial^2 f}{\partial y^2} \quad (C, D \text{ は正の定数}),$$
$$f(x;y,t) \to 0, \quad \frac{\partial f}{\partial y}(x;y,t) \to 0 \quad (y \to \pm\infty)$$
を満たすことを示せ.

2. 時間的に一様な, 連続マルコフ過程 $\{X(t)\}$ について
$$\Pr\{X(t+s) \leq y \mid X(s) = x\} = \int_{-\infty}^{y} f(x;y,t)\,dy$$
のとき,
$$u(t,x) = E[u(X(t)) \mid X(0) = x] = \int_{-\infty}^{\infty} u(y) f(x;y,t)\,dy$$
が, 後向きの方程式
$$\frac{\partial u}{\partial t} = \frac{1}{2}\frac{\partial^2 u}{\partial x^2} - \rho x \frac{\partial u}{\partial x} \quad (\rho \text{ は正の定数})$$
を満たすならば, $f(x;y,t)$ は平均 $xe^{-\rho t}$, 分散 $\dfrac{1-e^{-2\rho t}}{2\rho}$ の正規分布の密度関数と一致することを証明せよ. ($v(t,x) = u(t, xe^{\rho t})$, $2\rho\tau = 1 - e^{-\rho t}$ なる変換をおこなえ.)

3. $\Phi(x)$ を $\Phi''(x)$ が存在する連続増加関数とする. 連続マルコフ過程 $\{X(t)\}$ に対するコルモゴロフの後向きの方程式を,
$$\frac{\partial F}{\partial t}(x;y,t) = \frac{1}{2} a(x) \frac{\partial^2}{\partial x^2} F(x;y,t) + b(x) \frac{\partial}{\partial x} F(x;y,t)$$
とするとき, $Y(t) = \Phi(X(t))$ に関するコルモゴロフの後向きの方程式を導け.

4. 連続マルコフ過程 $\{X(t)\}$ の推移確率の密度関数 $f(x;y,t)$ が, 次のコルモゴロフの前向きの方程式を満たすとする.
$$\frac{\partial f}{\partial t}(x;y,t) = \alpha \frac{\partial^2}{\partial y^2}\{yf(x;y,t)\} - \beta \frac{\partial}{\partial y}\{yf(x;y,t)\},$$
$$f(x;y,0) = \delta(y-x) \quad (x, y \geq 0, \ \alpha, \beta \text{ は定数}).$$
このとき
$$M(x,t) = E\{X(t+s) \mid X(s) = x\} = \int_0^\infty y f(x;y,t)\,dy \text{ は } xe^{\beta t} \text{ に等しいことを示せ. (微分と積分の順序の変更は許されるものとする. また, } y^2 f(x,y,t) \to 0, \ y^2 f'(x;y,t) \to 0 (y \to +\infty) \text{ とする.)}$$

5. ウィーナー過程 $\{X(t)\}$ において, 0 または 0 と 1 に吸収壁を置いたときの推移確率の密度関数をそれぞれ, $h_0(x_0;x,t)$, $h_{0,1}(x_0;x,t)$, $(0 < x_0, x < 1)$ とするとき, これ

らのラプラス変換 $\hat{h}_0(x_0;x,\theta)$, $\hat{h}_{0,1}(x_0;x,\theta)$ は,
$$\hat{h}_0(x_0;x,\theta)=\hat{h}_{0,1}(x_0;x,\theta)+\hat{g}_{0,1}(x_0,\theta)\hat{h}_0(1;x,\theta)$$
を満たすことを示せ．ここで $\hat{g}_{0,1}(x_0,\theta)$ は x_0 から出発して，0 を通ることなく初めて 1 に達する時刻が t 以下である確率の確率密度のラプラス変換である（(16.36) 参照）．

6. 前問の結果を用いて,
$$\hat{h}_{0,1}(x_0;x,\theta)=\frac{e^{-|x-x_0|\sqrt{2\theta}}+e^{-(2-|x-x_0|)\sqrt{2\theta}}-e^{-(x+x_0)\sqrt{2\theta}}-e^{-(2-x-x_0)\sqrt{2\theta}}}{\sqrt{2\theta}\,(1-e^{-2\sqrt{2\theta}})},$$
$$h_{0,1}(x_0;x,t)=\frac{1}{\sqrt{2\pi t}}\sum_{k=-\infty}^{\infty}\left\{\exp\left(-\frac{(x-x_0+2k)^2}{2t}\right)-\exp\left(-\frac{(x+x_0+2k)^2}{2t}\right)\right\}$$
であることを示せ（ただし $D=1$ とする）．

第7章 定常過程

§17. 共分散関数

T をパラメーターの集合とし,複素数値確率過程 $\{X(t); t \in T\}$ を考える.すべての $t \in T$ に対して,

(17.1) $\qquad E\{|X(t)|^2\} < \infty$

が成り立つとき,$\{X(t)\}$ を2次過程ということにする.このとき,

$$|X(t)\overline{X(s)}| \leq |X(t)|^2 + |X(s)|^2$$

から,

(17.2) $\qquad E\{|X(t)\overline{X(s)}|\} < \infty$

で,シュワルツの不等式

(17.3) $\qquad |E\{X(t)\overline{X(s)}\}| \leq \sqrt{E\{|X(t)|^2\}E\{|X(s)|^2\}}$

が成り立つ.

$(t,s) \in T \times T$ の関数

(17.4) $\qquad \Gamma(t,s) = E\{X(t)\overline{X(s)}\}$

を $\{X(t); t \in T\}$ の共分散関数という.すべての $t \in T$ で $E\{X(t)\} = 0$ なら,$\Gamma(t,s)$ は元来の意味で $X(t)$ と $\overline{X(s)}$ の共分散となる.$\Gamma(t,s)$ の基本的性質をあげておこう.

（i） $\Gamma(t,s)$ はエルミート対称である.すなわち,

(17.5) $\qquad \Gamma(t,s) = \overline{\Gamma(s,t)}$.

$\{X(t)\}$ が実数値なら,$\Gamma(t,s)$ は対称である.

(17.6) $\qquad \Gamma(t,s) = \Gamma(s,t)$.

$$\overline{\Gamma(s,t)} = \overline{E\{X(s)\overline{X(t)}\}} = E\{\overline{X}(s)X(t)\} = \Gamma(t,s)$$

から (17.5) を得る.

（ii） $\Gamma(t,s)$ は正値（広義）である.すなわち,

T に属する任意の有限個の $t_1, t_2, \cdots, t_n$ および任意の複素数 $\xi_1, \xi_2, \cdots, \xi_n$ に対して,

§ 17. 共分散関数

(17.7) $$\sum_{i,j} \Gamma(t_i, t_j) \xi_i \xi_j \geqq 0.$$

証明.

(17.8)
$$0 \leqq E\left[\left|\sum_{i=1}^{n} X(t_i)\xi_i\right|^2\right] = E\left\{\left(\sum_{i=1}^{n} X(t_i)\xi_i\right)\overline{\left(\sum_{j=1}^{n} X(t_j)\xi_j\right)}\right\}$$
$$= E\{\sum_{i,j}\{X(t_i)\overline{X(t_j)}\}\xi_i\bar{\xi}_j\} = \sum_{i,j} E\{X(t_i)\overline{X(t_j)}\}\xi_i\bar{\xi}_j$$
$$= \sum_{i,j} \Gamma(t_i, t_j)\xi_i\bar{\xi}_j.$$

1. $X(t)$ の連続性

t_0 が T の集積点であるとき, 確率変数 X に対して,

(17.9) $$E[|X(t) - X|^2] \to 0 \quad (t \to t_0)$$

が成り立つとき, $X(t)$ は X に**平均収束**するといい,

(17.10) $$X(t) \to X \quad (q, m) \quad (t \to t_0)$$

と書く. このとき,

(17.11) $$E\{|X|^2\} < \infty, \quad \lim_{t \to t_0} E\{X(t)\} = EX$$

が成り立つ.

平均収束と共分散関数に関して, 次のことが成り立つ.

定理 17.1.

$$X(t) \to X \quad (q, m) \quad (t \to t_0)$$

が成り立つための必要十分条件は, $t, s \to t_0$ のとき $\Gamma(t, s)$ が収束することである. このとき,

(17.12) $$\Gamma(t, s) \to E\{|X|^2\} \quad (t, s \to t_0)$$

が成り立つ.

証明. $X(t) \to X \ (q, m) \ (t \to t_0)$ とすると,

(17.13) $$E\{X(t)\bar{X}(s) - X \cdot \bar{X}\} = E[\{X(t) - X\}\{\bar{X}(s) - \bar{X}\}]$$
$$+ E[\{X(t) - X\}\bar{X}] + E[\{\bar{X}(s) - \bar{X}\}X].$$

シュワルツの不等式から,

$$|E[\{X(t) - X\}\{\bar{X}(s) - \bar{X}\}]| \leqq \sqrt{E\{|X(t) - X|^2\}E\{|X(s) - X|^2\}},$$
$$|E[\{X(t) - X\}\bar{X}]| \leqq \sqrt{E[|X(t) - X|^2]E|X|^2},$$
$$|E[\{\bar{X}(s) - \bar{X}\}X]| \leqq \sqrt{E[|X(s) - X|^2]E|X|^2}.$$

$t, s \to t_0$ のとき上の三つの式の右辺はすべて 0 に収束する．よって (17.13)
から (17.12) が証明された．

逆に

$$\Gamma(t, s) \to \gamma \qquad (t, s \to t_0)$$

とする．

(17.14)
$$\begin{aligned} E[|X(t)-X(s)|^2] &= E\{|X(t)|^2\} - E\{X(t)\bar{X}(s)\} - E\{\bar{X}(t)X(s)\} \\ &\quad + E\{|X(s)|^2\} \\ &= \Gamma(t,t) - \Gamma(t,s) - \Gamma(s,t) + \Gamma(s,s) \\ &\to \gamma - \gamma - \gamma + \gamma = 0 \qquad (t, s \to t_0). \end{aligned}$$

2次の積率をもつ確率変数の空間の完備性により，(17.14) から

$$X(t) \to X \quad (q, m) \qquad (t \to t_0).$$

なる確率変数 X が存在する．

2次過程 $\{X(t); t \in T\}$ において，

(17.15) $\qquad X(t+h) \to X(t) \quad (q, m) \qquad (h \to 0)$

のとき，$\{X(t)\}$ は t で**平均連続**という．平均連続性は共分散関数 $\Gamma(t, s)$ に関する条件で表わすことができる．

定理 17.2. $\{X(t)\}$ が t_0 で平均連続であるための必要十分条件は $\Gamma(t, s)$ が (t_0, t_0) で連続になることである．

証明． $Y(h) = X(t_0 + h)$ とおくと，定理 17.1 から，$Y(h) \to X(t_0)$ (q, m) $(h \to 0)$ なるための必要十分条件は

$$E[Y(h)\bar{Y}(k)] \to E[|X(t_0)|^2] \qquad (h, k \to 0).$$

すなわち

$$\Gamma(t_0 + h, t_0 + k) \to \Gamma(t_0, t_0) \qquad (h, k \to 0).$$

定理 17.2 は，$X(t)$ がすべての t で平均連続なら，$\Gamma(t, s)$ は対角線上の (t, t) で連続であることを示しているが，さらに，

定理 17.3. $\{X(t)\}$ がすべての t で平均連続ならば，$\Gamma(t, s)$ は (t, s) に関して連続である．

証明．

$$Y(h) = X(t+h), \quad Z(k) = X(s+k)$$

とおくと，仮定から，

$$Y(h) \to X(t) \quad (q, m), \quad Z(k) \to X(s) \quad (q, m) \quad (h, k \to 0),$$

(17.16)
$$\begin{aligned} E\{Y(h)\bar{Z}(k) - X(t)\bar{X}(s)\} &= E[\{Y(h) - X(t)\}\{\bar{Z}(k) - \bar{X}(s)\}] \\ &\quad + E[\{Y(h) - X(t)\}\bar{X}(s)] \\ &\quad + E[\{\bar{Z}(k) - \bar{X}(s)\}X(t)]. \end{aligned}$$

定理 7.1 と同様シュワルツの不等式を利用して，

$$E\{Y(h)\bar{Z}(k)\} \to E\{X(t)\bar{X}(s)\} \quad (h, k \to 0).$$

すなわち

$$\Gamma(t+h, s+k) \to \Gamma(t, s) \quad (h, k \to 0).$$

注. 一般に $X(t) \to X \;(q, m),\; Y(s) \to Y \;(q, m)$ のとき，
(17.17) $\qquad E[X(t)\bar{Y}(s)] \to E[X\bar{Y}] \quad$ (内積の連続性).

系 17.1. 共分散関数 $\Gamma(t, s)$ はすべての (t, t) で連続ならば $(t, s) \in T \times T$ で連続である.

2. $X(t)$ の微分可能性

(17.18) $\qquad h^{-1}\{X(t+h) - X(t)\} \to Y(t) \quad (q, m) \quad (h \to 0)$

なる $Y(t)$ が存在するとき，$X(t)$ は t で (q, m) 微分可能といい，

(17.19) $\qquad X'(t) = \dfrac{d}{dt} X(t) = Y(t)$

と書く.

(17.20)
$$\begin{aligned} \Delta_{h,k}{}^2 \Gamma(t, s) = \frac{1}{hk} \{ &\Gamma(t+h, s+k) - \Gamma(t+h, s) \\ &- \Gamma(t, s+k) + \Gamma(t, s) \} \end{aligned}$$

とおく.

$h, k \to 0$ のとき $\Delta_{h,k}{}^2 \Gamma$ が収束するとき，$\Gamma(t, s)$ は (t, s) で2次の一般微分係数をもつという.

$X(t)$ の (q, m) 微分可能性を，$\Gamma(t, s)$ に関する条件で表わすことができる.

定理 17.4. $\{X(t)\}$ がすべての t で (q, m) 微分可能になるための必要十分条件は対角線上のすべての (t, t) で $\Gamma(t, s)$ の2次の一般微分係数が存在することである．このとき，

(17.21) $\quad \dfrac{\partial}{\partial t}\Gamma(t,s), \quad \dfrac{\partial}{\partial s}\Gamma(t,s), \quad \dfrac{\partial^2}{\partial s\partial t}\Gamma(t,s)$

も存在する．

証明． $\quad Y(h)=h^{-1}\{X(t+h)-X(t)\}$

とおくと，定理 17.1 から $h\to 0$ のとき $Y(h)$ が平均収束するための必要十分条件は $E\{Y(h)\overline{Y}(k)\}$ が $h,k\to 0$ のとき収束することである．ところで，

(17.22) $\quad E\{Y(h)\overline{Y}(k)\}=\Delta_{h,k}{}^2\Gamma(t,t)$

であるから，定理の前半が証明されたことになる．

$$h^{-1}\{\Gamma(t+h,s)-\Gamma(t,s)\}=E[h^{-1}\{X(t+h)-X(t)\}\cdot\overline{X}(s)].$$

$h\to 0$ として，

(17.23) $\quad \dfrac{\partial\Gamma}{\partial t}(t,s)=E[X'(t)\cdot\overline{X}(s)].$

同様に，

(17.24) $\quad \dfrac{\partial\Gamma}{\partial s}(t,s)=E[X(t)\cdot\overline{X}{}'(s)].$

また，このことから，

$$\dfrac{1}{k}\left\{\dfrac{\partial}{\partial t}\Gamma(t,s+k)-\dfrac{\partial}{\partial t}\Gamma(t,s)\right\}=E\left[X'(t)\cdot\dfrac{\overline{X}(s+k)-\overline{X}(s)}{k}\right].$$

$k\to 0$ として，

(17.25) $\quad \dfrac{\partial^2}{\partial s\partial t}\Gamma(t,s)=E[X'(t)\cdot\overline{X'(s)}].$

(証明終)

以上のことから，$\{X'(t)\}$ の平均および共分散関数に関して次のことが成り立つ．

$$E\{X(t)\}=m(t), \quad E(X(t)\overline{X}(s))=\Gamma(t,s)$$

とすると，

(17.26) $\quad m_{X'}(t)=E\{X'(t)\}=\dfrac{d}{dt}m(t),$

(17.25) $\quad \Gamma_{X'}(t,s)=E\{X'(t)\overline{X'(s)}\}=\dfrac{\partial^2}{\partial s\partial t}\Gamma(t,s).$

3. $X(t)$ の積分

$\{X(t);-\infty<t<\infty\}$ を2次過程とし，有限区間 $[a,b]$ を考える．$a=t_0<t_1$

§17. 共分散関数

$< \cdots < t_n = b$ を $[a, b]$ の分割とし,

(17.27) $$Y_n = \sum_{j=1}^{n} (t_j - t_{j-1}) X(\tau_j)$$

とおく. ここで $t_{j-1} \leq \tau_j \leq t_j$ $(j=1, 2, \cdots, n)$.

$\max_{1 \leq j \leq n} (t_j - t_{j-1}) \to 0$ としたとき, Y_n が確率変数 I に平均収束するとき, $X(t)$ は $[a, b]$ でリーマン積分可能といい,

(17.28) $$I = \int_a^b X(t) dt \quad (q, m)$$

と書く.

$X(t)$ の可積分性と $\Gamma(t, s)$ の可積分性に関して次のことが成り立つ.

定理 17.5. $X(t)$ が区間 $[a, b]$ でリーマン積分可能であるための必要十分条件は,

(17.29) $$\int_a^b \int_a^b \Gamma(t, s) dt ds$$

が存在することである. このとき,

(17.30) $$E\left\{\int_a^b X(t) dt \cdot \int_a^b \bar{X}(s) ds\right\} = \int_a^b \int_a^b \Gamma(t, s) dt ds.$$

証明. 分割 $\Delta : a = t_0 < t_1 < \cdots < t_n = b$, $\Delta' : a = s_1 < s_2 < \cdots < s_m = b$,

$$t_{j-1} \leq \tau_j \leq t_j, \quad s_{k-1} \leq \sigma_k \leq s_k \quad \binom{j=1, 2, \cdots, n}{k=1, 2, \cdots, m}$$

に対して

$$Y(\Delta, \tau) = \sum_{j=1}^{n} (t_j - t_{j-1}) X(\tau_j),$$

$$Y(\Delta', \sigma) = \sum_{k=1}^{m} (s_k - s_{k-1}) X(\sigma_k)$$

とおくと,

(17.31) $$E\{Y(\Delta, \tau) \bar{Y}(\Delta', \sigma)\} = \sum_{k=1}^{m} \sum_{j=1}^{n} \Gamma(\tau_j, \sigma_k)(t_j - t_{j-1})(s_k - s_{k-1}).$$

$Y(\Delta, \tau)$ が $\max(t_j - t_{j-1}) \to 0$ のとき平均収束するための必要十分条件は定理 17.1 から,

$E\{Y(\Delta, \tau) \bar{Y}(\Delta', \sigma)\}$ が $\max(t_j - t_{j-1}) \to 0$, $\max(s_k - s_{k-1}) \to 0$ のとき収束することである.

注. パラメターとして (Δ, τ) を考える.

したがって, (17.31) から $X(t)$ の可積分性と $\Gamma(t,s)$ の可積分性とは同値である. また,
$$Y(\Delta, \tau) \to I \quad (q, m), \quad Y(\Delta', \sigma) \to I \quad (q, m)$$
と, 内積の連続性から (17.30) が出る. (証明終)

注. $X(t)$ が $[a, b]$ でリーマン可積分のとき, $E[X(t)] = m(t)$ とおくと,
(17.32) $$E\{Y(\Delta, \tau)\} = \sum_{j=1}^{a} (t_j - t_{j-1}) m(\tau_j),$$
$$E\{Y(\Delta, t)\} \to E\int_a^b X(t)dt \quad (\max(t_j - t_{j-1}) \to 0).$$
したがって,
(17.33) $$E\int_a^b X(t)dt = \int_a^b E\{X(t)\}dt.$$

§18. 定常過程

$\{X(t); -\infty < t < \infty\}$ を(弱)定常過程とする. すなわち共分散関数
$$\Gamma(t, s) = E\{X(t)\bar{X}(s)\}$$
が $t-s$ のみの関数であるとする. このとき,
(18.1) $$R(t) = E\{X(s+t)\bar{X}(s)\}$$
とおき, これを $X(t)$ の(自己)相関関数ということにする ($\mathrm{Cov}\{X(s+t), \bar{X}(s)\}$ ではないことに注意) 以下定常過程といえば弱定常過程の意味とする. なお $E\{X(t)\}$ については何も仮定しないでおく.

定義から明らかに, $X(t) \not\equiv 0$ なら
(18.2) $$R(0) = E\{|X(t)|^2\} > 0.$$
シュワルツの不等式から,
(18.3) $$|R(t)| \leq R(0).$$
また, $\Gamma(t, s)$ のエルミット対称性から,
(18.4) $$R(t) = \bar{R}(-t)$$
が成り立つ.

定理 17.2 と定理 17.4 を定常過程の場合に適用すると次の二つの定理を得る.

§18. 定常過程

定理 18.1. $X(t)$ が平均連続であるための必要十分条件は相関関数 $R(t)$ が $t=0$ で連続なことである．このとき，$R(t)$ はすべての t で連続である．

定理 18.2. $X(t)$ が $X'(t)$ (q, m) をもつための必要十分条件は $R''(0)$ が存在することである．このとき，すべての t で $R''(t)$ が存在し，$X'(t)$ の相関関数は $-R''(t)$ である．

相関関数のスペクトル表現に関する次の定理は定常過程研究の基本である．

定理 18.3. $R(t)$ $(R(0) > 0)$ が平均連続な定常過程の相関関数であるための必要十分条件は，

(18.5) $$R(t) = \int_{-\infty}^{\infty} e^{it\lambda} dF(\lambda)$$

と書けることである．ここで $F(\lambda)$ は非減少関数で，

$$F(+\infty) - F(-\infty) = R(0) = \sigma^2, \quad 0 < \sigma^2 < \infty.$$

($F(\lambda)$ を $\{X(t)\}$ のスペクトル分布関数という．)

証明． $R(t)$ が平均連続な定常過程の相関関数とすると，$R(t)$ は連続である．$R(0) = 1$ と仮定しても一般性を失わない．

いま，$Y(t) = e^{-i\lambda t} X(t)$ に定理 17.5 を適用すると，

(18.6) $$\int_0^A e^{-i\lambda t} X(t) dt$$

が存在し，

(18.7) $$\int_0^A \int_0^A e^{-i(t-s)\lambda} R(t-s) dt ds = E\left\{\left|\int_0^A e^{-i\lambda t} X(t) dt\right|^2\right\} \geq 0.$$

そこで，

(18.8) $$G_A(\lambda) = \frac{1}{A} \int_0^A \int_0^A e^{-i(t-s)\lambda} R(t-s) dt ds$$

とおき，変換 $t-s=\tau$, $t=t$ をほどこして，さきに t で積分することにより，

(18.9) $$G_A(\lambda) = \int_{-A}^{A} e^{-i\lambda\tau} \left(1 - \frac{|\tau|}{A}\right) R(\tau) d\tau,$$

(18.10) $$\varphi_A(t) = \begin{cases} \left(1 - \dfrac{|t|}{A}\right) R(t) & (|t| \leq A), \\ 0 & (|t| > A) \end{cases}$$

とおくと，

(18.11) $$G_A(\lambda) = \int_{-\infty}^{\infty} e^{-i\lambda t}\varphi_A(t)\,dt \geqq 0.$$

すなわち $G_A(\lambda)$ は $\varphi_A(t)$ のフーリエ変換である.

(18.12) $$\psi_B(t) = \frac{1}{2\pi}\int_{-B}^{B}\left(1-\frac{|\lambda|}{B}\right)e^{it\lambda}G_A(\lambda)\,d\lambda$$

とおき,(18.11)を代入して,積分の順序を変えると,

(18.13) $$\psi_B(t) = \frac{1}{2\pi}\int_{-\infty}^{\infty}\varphi_A(s)\,ds\int_{-B}^{B}\left(1-\frac{|\lambda|}{B}\right)e^{i(t-s)\lambda}\,d\lambda$$

$$= \frac{2}{\pi}\int_{-\infty}^{\infty}\frac{\sin^2\frac{B}{2}(s-t)}{B(s-t)^2}\varphi_A(s)\,ds.$$

$\varphi_A(s)$ は有界連続な関数であるから,

(18.14) $$\psi_B(t) \to \varphi_A(t) \quad (B\to\infty).$$

$\frac{1}{2\pi}\left(1-\frac{|\lambda|}{B}\right)G_A(\lambda)\geqq 0$ ($|\lambda|\leqq B$) から,$\psi_B(t)/\psi_B(0)$ は特性関数である. $\varphi_A(0)=R(0)=1$ に注意すると,(18.14)から,$\varphi_A(t)$ も特性関数である.さらに,

$$\varphi_A(t) \to R(t) \quad (A\to\infty)$$

で,$R(t)$ は連続であるから,$R(t)$ も特性関数である.

したがって (18.5) が成り立つ分布関数 $F(\lambda)$ が存在する.

逆に (18.5) が成り立つとする. Z を $\frac{1}{\sigma^2}[F(x)-F(-\infty)]$ を分布関数とする確率変数, Y を $[0,2\pi]$ で一様分布に従い, Z と独立な確率変数とする.

(18.15) $$X(t) = \sigma e^{i(Y+Zt)}$$

とおくと,

$$E[X(t)] = \sigma E(e^{iY})E[e^{iZt}]$$

$$= \sigma E[e^{iZt}]\frac{1}{2\pi}\int_{0}^{2\pi}e^{iy}\,dy = 0,$$

$$E\{X(t+s)\overline{X}(s)\} = \sigma^2 E\{e^{i(Y+Z(t+s))}e^{-iY-iZs}\}$$

$$= \sigma^2 E[e^{iZt}] = \int_{-\infty}^{\infty}e^{itz}\,dF(z).$$

すなわち $\{X(t)\}$ は平均 0,相関関数が (18.5) である定常過程である.

(証明終)

§ 18. 定 常 過 程

注. $E\{X(t)\}=0$ を要求しなければ, $X(t)=e^{iZt}$ でよい.

注. ボホナーの定理を既知とすると, 定理の前半は $R(t)$ が正値の連続関数ということから明らかとなる.

$\{X(t)\}$ が実数値のみをとるときは, $R(t)$ も実数値をとり,

$$R(t) = \int_{-\infty}^{\infty} \cos t\lambda \, dF(\lambda).$$

このときは,

$$\int_{-\infty}^{\infty} \cos t\lambda \, dF(\lambda) = -\int_{-\infty}^{\infty} \cos t\lambda \, dF(-\lambda)$$

であるから, $F(\lambda)$ は原点に関して対称 $\{F(-\lambda) = 1 - F(\lambda)\}$ で,

(18.16) $\qquad R(t) = \int_{0}^{\infty} \cos t\lambda \, dG(\lambda), \quad G(\lambda) = 2F(\lambda)$

と書ける.

平均連続な定常過程 $\{X(t)\}$ に関して, つぎの大数の法則が成り立つ.

定理 18.4.

(18.17) $\qquad Y(T) = \dfrac{1}{2T} \int_{-T}^{T} X(t) \, dt$

とおくとき, $Y(T) \to Y \ (q, m) \ (T \to \infty)$ が成り立つ.

また, $Y=0$ であるための必要十分条件は,

(18.18) $\qquad \lim_{T \to \infty} \dfrac{1}{2T} \int_{-T}^{T} R(t) \, dt = 0$

が成り立つことである.

証明. 定理 17.5 から

$$Y(T) = \dfrac{1}{2T} \int_{-T}^{T} X(t) \, dt \quad (q, m)$$

は存在して,

(18.19) $\qquad E\{Y(T)\overline{Y}(S)\} = \dfrac{1}{2T} \dfrac{1}{2S} \int_{-T}^{T} \int_{-S}^{S} R(t-s) \, dt \, ds.$

(18.5) を代入して,

(18.20)
$$E\{Y(T)\overline{Y}(S)\} = \dfrac{1}{2T} \dfrac{1}{2S} \int_{-T}^{T} \int_{-S}^{S} \int_{-\infty}^{\infty} e^{i\lambda(t-s)} \, dF(\lambda) \, dt \, ds$$
$$= \int_{-\infty}^{\infty} \left(\dfrac{\sin T\lambda}{T\lambda}\right) \left(\dfrac{\sin S\lambda}{S\lambda}\right) dF(\lambda),$$

(18.21)
$$\lim_{S,T\to\infty} \frac{\sin T\lambda}{T\lambda} \frac{\sin S\lambda}{S\lambda} = \begin{cases} 1 & (\lambda=0), \\ 0 & (\lambda\neq 0), \end{cases}$$

$$\left|\frac{\sin T\lambda}{T\lambda} \cdot \frac{\sin S\lambda}{S\lambda}\right| \leq 1.$$

であるから,

(18.22) $\quad E(Y(T)\bar{Y}(S)) \to F(0) - F(-0) \quad (T, S \to \infty).$

よって, 定理 17.1 により,

$$Y(T) \to Y \quad (q, m) \quad (T \to \infty)$$

なる確率変数 Y が存在して,

(18.23) $\qquad\qquad E\{|Y|^2\} = F(0) - F(-0).$

一方,

(18.24) $\qquad \dfrac{1}{2T}\displaystyle\int_{-T}^{T} R(t)dt \to F(0) - F(-0) \quad (T\to\infty)$

であるから, 定理の後半も示されたことになる.

注. 上のことから, 条件 (18.18) はスペクトル分布関数が原点で連続なことと同値である.

注. われわれは $E\{X(t)\}$ については何も仮定しなかった. 普通は, (1) $E\{X(t)\}$ =一定, (2) $\mathrm{Cov}\{X(t), \bar{X}(s)\}$ が $t-s$ の関数である, とする.

(18.1) の他に (1) を仮定すれば,
$$\mathrm{Cov}(X(t)\bar{X}(s)) = E(X(t)\bar{X}(s)) - |m|^2 \quad (m = E\{X(t)\})$$
から, (2) は出る. このとき, $Z(t) = X(t) - m$, $R(t) = E\{Z(t+s)\bar{Z}(s)\} = \mathrm{Cov}\{X(t+s)\bar{X}(s)\}$ として, 定理 18.4 を適用すると, (18.18) は,
$$\frac{1}{2T}\int_{-T}^{T} X(t)dt \to E\{X(t)\} = m \quad (q, m)$$
なるための必要十分条件となる.

平均連続な定常過程 $\{X(t)\}$ の相関関数 $R(t)$ については, そのスペクトル表現 (18.5) が成り立つが, $\{X(t)\}$ 自身についてのスペクトル表現を説明するために, 次のような確率積分を考える.

いま, $Z(\lambda)$ $(-\infty < \lambda < \infty)$ は直交増分をもつ確率過程とする. すなわち,

(18.25) $\qquad\qquad E[|Z(\lambda_2) - Z(\lambda_1)|^2] < \infty,$

(18.26) $\quad E[\{Z(\mu_2) - Z(\mu_1)\}\overline{\{Z(\lambda_2) - Z(\lambda_1)\}}] = 0 \quad (\mu_1 < \mu_2 \leq \lambda_1 < \lambda_2).$

λ_0 を任意に定め,

§18. 定常過程

$$(18.27) \quad F(\lambda) = \begin{cases} E[|Z(\lambda)-Z(\lambda_0)|^2] & (\lambda \geqq \lambda_0), \\ -E[|Z(\lambda)-Z(\lambda_0)|^2] & (\lambda \leqq \lambda_0) \end{cases}$$

とおくと,

$$(18.28) \quad E[|Z(\lambda)-Z(\mu)|^2] = F(\lambda)-F(\mu) \quad (\lambda > \mu)$$

が成り立ち,したがって $F(\lambda)$ は非減少関数である.

たとえば $\lambda_0 \leqq \mu < \lambda$ とすると,

$$F(\lambda) = E[|Z(\lambda)-Z(\lambda_0)|^2] = E[|Z(\lambda)-Z(\mu)+Z(\mu)-Z(\lambda_0)|^2].$$

(18.26) から

$$F(\lambda) = E[|Z(\lambda)-Z(\mu)|^2] + E[|Z(\mu)-Z(\lambda_0)|^2]$$
$$= E[|Z(\lambda)-Z(\mu)|^2] + F(\mu).$$

すなわち, (18.28) が成り立つ. $\mu < \lambda \leqq \lambda_0$, $\mu < \lambda_0 < \lambda$ の時も同様にして (18.28) が示される.

さて, $f(\lambda)$ を連続で,

$$(18.29) \quad \int_{-\infty}^{\infty} |f(x)|^2 dF(\lambda) < \infty$$

な関数とする.

区間 $(a, b]$ の分割 $\varDelta: a=\lambda_0 < \lambda_1 < \cdots < \lambda_n = b$; $\lambda_{p-1} \leqq \lambda_p' \leqq \lambda_p$ に対して,リーマン和

$$(18.30) \quad S_\varDelta = \sum_{p=1}^{n} f(\lambda_p')\{Z(\lambda_p)-Z(\lambda_{p-1})\}$$

を考える. $\varDelta'$ を他の分割とし,対応する和を $S_{\varDelta'}$ とする.

$$\varDelta': a=\mu_0 < \mu_1 < \cdots < \mu_m = b, \quad \mu_{q-1} \leqq \mu_q' \leqq \mu_q,$$

$$(18.31) \quad S_{\varDelta'} = \sum_{q=1}^{m} f(\mu_q')\{Z(\mu_q)-Z(\mu_{q-1})\}.$$

いま, $a=\nu_0 < \nu_1 < \nu_2 < \cdots < \nu_l = b$ を $\varDelta'$ と $\varDelta$ の共通の分割とすると

$$S_\varDelta = \sum_{k=1}^{l} f(\lambda_{p_k}')[Z(\nu_k)-Z(\nu_{k-1})] \quad (\lambda_{p_k-1} \leqq \nu_{k-1} < \nu_k \leqq \lambda_{p_k}),$$

$$S_{\varDelta'} = \sum_{k=1}^{l} f(\mu_{q_k}')]Z(\nu_k)-Z(\nu_{k-1})] \quad (\mu_{q_k-1} \leqq \nu_{k-1} < \nu_k \leqq \mu_{q_k}).$$

(18.26), (18.28) により,

$$(18.32) \quad E\{S_\varDelta \bar{S}_{\varDelta'}\} = \sum_{k=1}^{l} f(\lambda_{p_k}')\overline{f(\mu_{q_k}')} E[|Z(\nu_k)-Z(\nu_{k-1})|^2]$$
$$= \sum_{k=1}^{l} f(\lambda_{p}')\overline{f(\mu_{q_k}')}[F(\nu_k)-F(\nu_{k-1})].$$

$f(\lambda)$ は連続であるから, $\max(\lambda_p-\lambda_{p-1})$, $\max(\mu_q-\mu_{q-1}) \to 0$ のとき, (18.32) の右辺は,

$$(18.33) \quad \int_a^b |f(\lambda)|^2 dF(\lambda)$$

に収束する. したがって, 定理 17.1 により,

$$(18.34) \quad S_\varDelta \to I \quad (q,m), \quad \max(\lambda_p-\lambda_{p-1}) \to 0,$$

$$(13.35) \quad E|I|^2 = \int_a^b |f(\lambda)|^2 dF(\lambda)$$

が成り立つ. この I を

$$(18.36) \quad I = \int_a^b f(\lambda) dZ(\lambda)$$

と書く. このとき (18.35) は,

$$E\left\{\left|\int_a^b f(\lambda) dZ(\lambda)\right|^2\right\} = \int_a^b |f(\lambda)|^2 dF(\lambda),$$
$$E\left\{\left|\int_A^B f(\lambda) dZ(\lambda)\right|^2\right\} = \int_A^B |f(\lambda)|^2 dF(\lambda)$$

で $A, B \to \infty$ ($A, B \to -\infty$) とすると (18.29) から右辺は 0 に収束する. したがって,

$$\int_A^B f(\lambda) dZ(\lambda) \to \int_{-\infty}^{\infty} f(\lambda) dZ(\lambda) \quad (q,m) \quad (A \to -\infty, B \to \infty)$$

が存在し,

$$(18.37) \quad E\left[\left|\int_{-\infty}^{\infty} f(\lambda) dZ(\lambda)\right|^2\right] = \int_{-\infty}^{\infty} |f(\lambda)|^2 dF(\lambda)$$

が成り立つ. 同様にして,

$$(18.38) \quad E\left\{\int_{-\infty}^{\infty} f(\lambda) dZ(\lambda) \overline{\int_{-\infty}^{\infty} g(\lambda) dZ(\lambda)}\right\} = \int_{-\infty}^{\infty} f(\lambda)\overline{g(\lambda)} dF(\lambda)$$

が成り立つことが示される. なお $E\{Z(\lambda)\}=0$ を仮定すると, 部分和を考えることにより,

(18.39) $$E\left\{\int_{-\infty}^{\infty} f(\lambda)dZ(\lambda)\right\}=0$$

を得る.

さて, 平均連続な定常過程 $\{X(t); -\infty<t<\infty\}$ について, 次のことが成り立つ.

定理 18.5. 平均連続な定常過程 $X(t)$ $(-\infty<t<\infty)$ は次のスペクトル表現をもつ.

(18.40) $$X(t)=\int_{-\infty}^{\infty} e^{it\lambda}dZ(\lambda).$$

ここで $\{Z(\lambda); -\infty<\lambda<\infty\}$ は $E|Z(\lambda)|^2$ が有界な直交増分をもつ確率過程で, $X(t)$ の**スペクトル測度**と呼ばれるものである.

証明は省略するが, この定理を認めると, $R(t)$ のスペクトル表現は容易に得られる.

$$R(t)=E[X(t+s)\bar{X}(s)]=E\left\{\int_{-\infty}^{\infty}e^{i(t+s)\lambda}dZ(\lambda)\overline{\int_{-\infty}^{\infty}e^{is\lambda}dZ(\lambda)}\right\}$$
$$=\int_{-\infty}^{\infty}e^{it\lambda}dF(\lambda).$$

ここで,

$$E|Z(\lambda_2)-Z(\lambda_1)|^2=F(\lambda_2)-F(\lambda_1) \qquad (\lambda_1<\lambda_2).$$

すなわち (18.5) を得る.

なお $Z(\lambda)$ は,

(18.41) $$\frac{1}{2\pi}\int_{-T}^{T}\frac{e^{-i\lambda t}-1}{-it}X(t)dt \to Z(\lambda) \quad (q,m) \qquad (T\to\infty)$$

によって $X(t)$ から構成することを注意しておく. この式と特性関数から分布関数を求める公式との類似性に注目されたい.

§ 19. 例

例 1. ξ_1, ξ_2 を無相関な確率変数とする.

(19.1) $\quad E\xi_j=\mu_j, \quad V(\xi_j)=\sigma_j^2 \qquad (j=1,2),$

(19.2) $\quad E[(\xi_1-\mu_1)(\xi_2-\mu_2)]=0.$

いま,

(19.3) $$X(t) = \xi_1 t + \xi_2$$
とおくと,
(19.4) $$m(t) = \mu_1 t + \mu_2,$$
(19.5) $$\Gamma(t,s) = \mathrm{Cov}\{X(t), X(s)\} = \sigma_1^2 ts + \sigma_2^2.$$

$\Gamma(t,s)$ は連続かつ,$\partial^2 \Gamma/\partial s \partial t = \sigma_1^2$ であるから,$X(t)$ は連続 (q,m) かつ $X'(t)$ が存在して,$X'(t) = \xi_1$
$$E[X'(t)] = \mu_1, \quad E(X'(t)X'(s)) = \sigma_1^2.$$
また,
(19.6) $$\int_0^\tau \int_0^\tau \Gamma(t,s) dt ds < \infty$$
であるから,
$$Y(t) = \int_0^t X(s) ds \quad (q,m)$$
が存在して,
(19.7) $$E[Y(t)] = \int_0^t (\mu_1 s + \mu_2) ds = \frac{\mu_1}{2} t^2 + \mu_2 t,$$

(19.8) $$\mathrm{Cov}[Y(t)Y(s)] = \int_0^t \int_0^s \Gamma(t',s') dt' ds',$$
$$= \frac{1}{4}(ts)^2 \sigma_1^2 + ts \sigma_2^2.$$

例 2. ウィーナー過程

加法過程 $\{X(t); 0 \leq t < \infty\}$ において,$X(0) = 0$, $X(t) - X(s)$ $(t > s)$ は,
(19.9) $$E[X(t) - X(s)] = 0, \quad V[X(t) - X(s)] = \sigma^2 (t-s)$$
の正規分布に従うとする.

このとき,$t > s$ とすると
(19.10) $$\Gamma(t,s) = E\{X(t)X(s)\} = E\{[X(t) - X(s)]X(s)\} + E\{X^2(s)\}$$
$$= \sigma^2 s.$$
したがって,
(19.11) $$\Gamma(t,s) = \sigma^2 \min(t,s).$$

$\Gamma(t,t)$ は t の連続関数であるから,$X(t)$ は平均連続である.実際は標本関数が確率 1 で連続であることが知られている.またこの場合は 2 次の一般微

分係数は存在しないから $X'(t)$ (q, m) は存在しない.

$t \geqq s$ のとき,

$$(19.12) \quad \int_0^t \int_0^s \Gamma(t', s')\, dt'\, ds' = \sigma^2 \int_0^s ds' \int_0^t \min(t', s')\, dt'$$

$$= \sigma^2 \int_0^s ds' \left\{ \int_0^{s'} t'\, dt' + \int_{s'}^t s'\, dt' \right\}$$

$$= \sigma^2 \frac{s^2}{2}\left(t - \frac{s}{3}\right).$$

したがって,

$$(19.13) \quad Y(t) = \int_0^t X(s)\, ds \quad (q, m)$$

は存在し,

$$(19.14) \quad E\{Y(t)\} = 0, \quad E\{[Y(t)]^2\} = \frac{\sigma^2}{3} t^3,$$

$$(19.15) \quad E\{Y(t)Y(s)\} = \frac{\sigma^2}{2} s^2 \left(t - \frac{s}{3}\right) \quad (t \geqq s).$$

例 3. ポアッソン過程

加法過程 $\{X(t); 0 \leqq t < \infty\}$ において, $X(0) = 0$, $X(t) - X(s)$ $(0 \leqq s < t)$ はパラメター $\lambda(t-s)$ のポアッソン分布に従うとする. このとき, (19.10) と同様にして,

$$(19.16) \quad \mathrm{Cov}\{X(t), X(s)\} = \lambda \min(t, s).$$

明らかに $\{X(t)\}$ は平均連続である. しかし標本関数は1だけの飛躍で増加する階段関数であることに注意せよ.

次に定常過程の例をあげる.

例 4. ξ を確率変数, $f(t)$ を複素数値関数とする.

$$X(t) = f(t)\xi$$

なる確率過程を考える. ここで $E(\xi) = 0$, $E|\xi|^2 = \sigma^2 > 0$ とする.

$$(19.17) \quad \Gamma(t+s, s) = E\{X(t+s)\bar{X}(s)\} = f(t+s)\bar{f}(s)\sigma^2.$$

$X(t)$ が定常であるためには, $f(t+s)\bar{f}(s)$ が s に依存しないことが必要である. $t = 0$ とおくと,

$$|f(s)|^2 = r^2 = 定数, \quad f(s) = re^{i\varphi(s)}.$$

ここで，$\varphi(s)$ は実数値関数である．
$$f(t+s)\bar{f}(s) = r^2 e^{i(\varphi(t+s)-\varphi(s))}.$$
これから，$\varphi(t+s)-\varphi(s)$ が s に依存しない．いま $\varphi(t)$ が微分可能とすると，
$$\varphi'(t+s) = \varphi'(s) = \lambda = 定数,$$
(19.18) $$\varphi(t) = \lambda t + \theta.$$
したがって
$$f(t) = r e^{i(\lambda t + \theta)}.$$
いま，$re^{i\theta}\xi$ をあらためて，ξ とおくと，
(19.19) $$X(t) = \xi e^{i\lambda t}.$$
ここで，$E(\xi) = 0$，λ は実定数である．

逆に，このとき，
(19.20) $$R(t) = E\{\xi e^{i\lambda(t+s)} \cdot \bar{\xi} e^{-i\lambda s}\} = E|\xi|^2 \cdot e^{i\lambda t}.$$
すなわち (19.19) は定常過程である．

(19.21) $$X(t) = \sum_{j=1}^{N} \xi_j e^{i\lambda_j t}.$$
ここで，$\lambda_1, \lambda_2, \cdots, \lambda_n$ は実の定数，$E(\xi_j) = 0$，$E(\xi_j, \xi_k) = 0$ $(j \neq k)$．

このとき，共分散関数は，
(19.22) $$\Gamma(t,s) = E\{X(t)\bar{X}(s)\} = \sum_{j=1}^{N} E|\xi_j|^2 e^{i\lambda_j(t-s)}.$$
したがって，$\{X(t)\}$ は定常で，その相関関数 $R(t)$ は，
(19.23) $$R(t) = \sum_{j=1}^{N} E\{|\xi_j|^2\} e^{i\lambda_j t}, \quad R(0) = \sum_{j=1}^{N} E\{|\xi_j|^2\}.$$
$\lambda_1 < \lambda_2 < \cdots < \lambda_N$ とすると，スペクトル分布関数 $F(\lambda)$ は λ_j で $E|\xi_j|^2$ の飛躍をもつ階段関数である．さらに一般に，
(19.24) $$\sum_{j=1}^{\infty} E\{|\xi_j|^2\} < \infty,$$
(19.25) $$E\{\xi_j\} = 0, \quad E\{\xi_j \bar{\xi}_k\} = 0 \quad (j \neq k)$$
なる確率変数列 $\{\xi_j\}$ に対して，
(19.26) $$X(t) = \sum_{j=1}^{\infty} \xi_j e^{i\lambda_j t} \quad (q, m).$$

このとき，相関関数 $R(t)$ は，

(19.27) $$R(t) = \sum_{j=1}^{\infty} E\{|\xi_j|^2\} e^{i\lambda_j t}.$$

(19.26) の形の定常過程を，**離散的スペクトル**を持つ定常過程といい，$\{\lambda_1, \lambda_2, \cdots\}$ をこの過程の**スペクトル**という．(19.27) から，このスペクトルは，

$$\lim_{T \to \infty} \frac{1}{2T} \int_{-T}^{T} R(t) e^{-i\lambda t} dt \neq 0$$

なる λ から成っていることは容易にわかる．

例 5. 移動平均（離散的）

$\{\xi_n\}$ を $E(\xi_n)=0$, $E(\xi_n \xi_m) = \sigma^2 \delta_{n,m}$ なる確率変数列とし，数列 $\{a_n\}$ は，

(19.28) $$\sum_{-\infty}^{\infty} |a_n|^2 < \infty$$

を満たすとする．ここで，

(19.29) $$X(n) = \sum_{k=-\infty}^{\infty} a_k \xi_{n-k} = \sum_{k=-\infty}^{\infty} a_{n-k} \xi_k \quad (q, m)$$

を考える．このような確率過程を $\{\xi_n\}$ の**移動平均**という．

さて，

(19.30) $$\Gamma(n+m, n) = E\{X(n+m) \bar{X}(n)\} = E\{\sum_k a_k \xi_{n+m-k} \sum_l \bar{a}_l \xi_{n-l}\}$$
$$= \sigma^2 \sum_k a_k \bar{a}_{k-m}.$$

したがって，$\{X(n)\}$ は定常で，相関関数 $R(m)$ は，

(19.31) $$R(m) = \sigma^2 \sum_{k=-\infty}^{\infty} a_k \bar{a}_{k-m}.$$

いま，

(19.32) $$g(\lambda) = \sum_{-\infty}^{\infty} a_k e^{-ik\lambda} \quad (q, m)$$

とおくと $\left(\int_{-\pi}^{\pi} \left| \sum_{k=A}^{B} a_k e^{-ik\lambda} - g(\lambda) \right|^2 d\lambda \to 0 \quad A \to -\infty, B \to +\infty \right)$,

(19.33) $$\frac{\sigma^2}{2\pi} \int_{-\pi}^{\pi} |g(\lambda)|^2 e^{im\lambda} d\lambda = \sigma^2 \sum_{k=-\infty}^{\infty} a_k \bar{a}_{k-m} = R(m).$$

したがって，スペクトル分布関数は絶対連続で，その密度関数は，

$$(19.34) \qquad f(\lambda) = \frac{\sigma^2}{2\pi} \left| \sum_{-\infty}^{\infty} a_k e^{-ik\lambda} \right|^2$$

である.

注. 離散パラメターの定常過程の相関関数に対するスペクトル表現は,積分範囲が $(-\infty, \infty)$ から $(-\pi, \pi)$ に変わる.

$$(19.35) \qquad R(n) = \int_{-\pi}^{\pi} e^{in\lambda} dF(\lambda) \qquad (n=0, \pm 1, \pm 2, \cdots).$$

例 6. 移動平均

$\{\xi(t); -\infty < t < \infty\}$ は直交増分をもつ確率過程で,

$$(19.36) \qquad E\{|\xi(t) - \xi(s)|^2\} = |t-s|$$

であり,$g(t)$ は,

$$(19.37) \qquad \int_{-\infty}^{\infty} |g(t)|^2 dt < \infty$$

なる連続関数とする.このとき,

$$(19.38) \qquad X(t) = \int_{-\infty}^{\infty} g(t-s) d\xi(s) \qquad (q, m)$$

は存在する.共分散関数は (18.38) から,

$$(19.39) \qquad \Gamma(t,s) = \int_{-\infty}^{\infty} g(t-\tau) \bar{g}(s-\tau) d\tau.$$

$g(t)$ のフーリエ変換($L_2(-\infty, \infty)$ の意味)を $\gamma(\lambda)$ とすると,パーセバルの関係式から,

$$(19.40) \qquad \Gamma(t,s) = \int_{-\infty}^{\infty} e^{i(t-s)\lambda} |\gamma(\lambda)|^2 d\lambda.$$

よって,$\{X(t)\}$ は定常で,相関関数 $R(t)$ は,

$$(19.41) \qquad R(t) = \int_{-\infty}^{\infty} e^{it\lambda} |\gamma(\lambda)|^2 d\lambda.$$

すなわち,スペクトル分布関数は密度関数

$$(19.42) \qquad f(\lambda) = |\gamma(\lambda)|^2$$

をもつ.

ここで,特に次のような確率過程を考える.

$$(19.43) \qquad X(t) = \sum_{t_\nu \leq t} g(t - t_\nu) \qquad (0 \leq t < \infty).$$

ここで,t_ν はポアッソン過程の飛躍する点である.

(19.43) は

(19.44) $$X(t) = \int_{-\infty}^{\infty} g(t-\tau) dN(\tau)$$

と書ける. ただし $g(t)=0$ $(t<0)$ とする. $\{N(t) ; -\infty<t<\infty\}$ はポアッソン過程で

(19.45) $\quad E\{N(t)-N(s)\} = \beta(t-s),$

(19.46) $\quad V\{N(t)-N(s)\} = \beta(t-s),$ $\quad (t>s)$

とする.

$N(t)$ は仮定 (19.36) を満たさないが, $N^*(t) = N(t) - \beta t$ とおくと, これは (19.46) から (19.36) を満たす.

(19.44) は

(19.47) $$X(t) = \int_{-\infty}^{\infty} g(t-\tau) dN^*(\tau) + \beta \int_{-\infty}^{\infty} g(t-\tau) d\tau$$

の意味とする. このときは, $E[N^*(t)-N^*(s)]=0$ から

(19.48) $$E\{X(t)\} = \beta \int_{-\infty}^{\infty} g(t-\tau) d\tau = \beta \int_{0}^{\infty} g(\tau) d\tau.$$

$t>s$ のとき,

$$\mathrm{Cov}\{X(t), \bar{X}(s)\} = \beta \int_{-\infty}^{\infty} g(t-\tau) \bar{g}(s-\tau) d\tau$$

(19.49) $$= \beta \int_{-\infty}^{s} g(t-\tau) \bar{g}(s-\tau) d\tau$$

$$= \beta \int_{0}^{\infty} g(t-s+u) \bar{g}(u) du.$$

これは,

(19.50) $$f(\lambda) = \frac{\beta}{2\pi} \left| \int_{0}^{\infty} e^{-i\lambda\tau} g(\tau) d\tau \right|^2$$

によって

(19.51) $$\mathrm{Cov}\{X(t)\bar{X}(s)\} = \int_{-\infty}^{\infty} e^{i(t-s)\lambda} f(\lambda) d\lambda$$

と書ける.

§ 20. 正規過程

多重正規分布

確率変数 $X_1, X_2, \cdots, X_n$ の同時分布の特性関数 $\varphi_{X_1, \cdots, X_n}(u_1, \cdots, u_n)$ が,

(20.1)
$$\varphi_{X_1, \cdots, X_n}(u_1, u_2, \cdots, u_n) = E\left\{\exp\left[i \sum_{j=1}^n u_j X_j\right]\right\}$$
$$= \exp\left\{i \sum_{j=1}^n u_j m_j - \frac{1}{2} \sum_{j,k=1}^n K_{j,k} u_j u_k\right\}$$

であたえられるとき，これらの変数は正規分布に従うという．ここで,

(20.2) $\qquad E(X_j) = m_j, \quad \mathrm{Cov}(X_j X_k) = K_{j,k}$

である.

共分散行列

(20.3) $\qquad K = \begin{bmatrix} K_{1,1}, \cdots, K_{1,n} \\ K_{n,1}, \cdots, K_{n,n} \end{bmatrix}$

が特異でないとき，すなわち，K の行列式 $|K|$ が 0 でないときは，行列 K の逆行列

(20.4) $\qquad K^{-1} = \begin{bmatrix} K^{1,1}, \cdots, K^{1,n} \\ K^{n,1}, \cdots, K^{n,n} \end{bmatrix}$

が存在し，$\{X_1, \cdots, X_n\}$ の同時分布の密度関数 $f(x_1, x_2, \cdots, x_n)$ は,

(20.5)
$$f(x_1, x_2, \cdots, x_n) = (2\pi)^{-n/2} |K|^{-1/2}$$
$$\times \exp\left\{-\frac{1}{2} \sum_{j,k=1}^n K^{j,k}(x_j - m_j)(x_k - m_k)\right\}$$

で与えられる．これをみるために，行列の記号を用いよう．A を $m \times n$ 型行列，A' をその転置行列（$n \times m$ 型）とする．行列の積の公式から,

(20.6) $\qquad \sum_{j,k=1}^n K^{jk}(x_j - m_j)(x_k - m_k) = y' K^{-1} y$

と書ける．ここで,

$$x = \begin{bmatrix} x_1 \\ \vdots \\ x_n \end{bmatrix}, \quad m = \begin{bmatrix} m_1 \\ \vdots \\ m_n \end{bmatrix}, \quad y = x - m$$

である．$|A| \neq 0$ なる 1 次変換 $y = Az$,

§ 20. 正規過程

$$z = \begin{bmatrix} z_1 \\ \vdots \\ z_n \end{bmatrix}, \quad A = \begin{bmatrix} a_{1,1} \cdots a_{1,n} \\ a_{n,1} \cdots a_{n,n} \end{bmatrix}$$

によって，

(20.7) $$y'K^{-1}y = z'A'K^{-1}Az$$

となる．

A を適当にとって，$A'K^{-1}A = E$ (Eは単位行列)になるようにできる．このとき，$AA' = K$, $|A|^2 = |K|$. したがって $|A|$ の絶対値は $|K|^{1/2}$ である．上の変換を用いると，

$$(2\pi)^{-n/2}|K|^{-1/2}\int_{-\infty}^{\infty}\cdots\int_{-\infty}^{\infty}\exp\left\{ix'u - \frac{1}{2}y'Ky\right\}dx_1\cdots dx_n$$

$$= (2\pi)^{-n/2}\int_{-\infty}^{\infty}\cdots\int_{-\infty}^{\infty}\exp\{im'u\}\exp\left\{iz'A'u - \frac{1}{2}z'z\right\}dz_1\cdots dz_n$$

$$= \exp\{im'u\}\exp\left\{-\frac{1}{2}(A'u)'(A'u)\right\}$$

$$= \exp\{im'u\}\exp\left\{-\frac{1}{2}u'AA'u\right\}$$

$$= \exp\left\{im'u - \frac{1}{2}u'Ku\right\}.$$

すなわち (20.1) が得られた $\left(\dfrac{1}{\sqrt{2\pi}}\displaystyle\int_{-\infty}^{\infty}e^{\left(ivz - \frac{z^2}{2}\right)}dz = e^{-v^2/2}\right)$.

定義から次のことは容易にわかる．

(i) $X_1, \cdots, X_n$ が正規分布に従うなら，これの 1 次変換

(20.8) $$Y_j = \sum_{k=1}^{n} C_{j,k} X_k \quad (j = 1, 2, \cdots, n), \quad Y = CX$$

も，

(20.9)
$$E(Y_j) = \sum_{k=1}^{n} C_{j,k} E(X_k),$$
$$\mathrm{Cov}(Y_j, Y_k) = \sum_{p,q=1}^{n} C_{j,p} C_{k,q} \mathrm{Cov}(X_p, X_q)$$

なる正規分布に従う．

これは $Y'u = X'C'u$ であるから (20.1) で u の代りに $C'u$ とおけばよい．

(ii) $X(1), \cdots, X(n)$ が正規分布に従うとき，この一部 $X(n_1), X(n_2), \cdots,$

X_{n_k} ($k \leq n$) も正規分布に従う.

これは,残りの変数に対応する u_j を 0 とおけばよい.

正規過程

確率過程 $\{X(t); t \in T\}$ において任意の有限個の $t_1, t_2, \cdots, t_n$ に対して $X(t_1)$, $\cdots, X(t_n)$ が正規分布に従うとき,この確率過程を**正規過程**という.

ウィーナー過程は正規過程である.なんとなれば,$0 \leq t_1 < t_2 < \cdots < t_n$ に対して,

$$Y_1 = X(t_1), \quad Y_2 = X(t_2) - X(t_1), \cdots, Y_n = X(t_n) - X(t_{n-1})$$

は正規分布に従う.したがって,性質(i)から,

$$X(t_1) = Y_1, \quad X(t_2) = Y_1 + Y_2, \cdots, X(t_n) = Y_1 + \cdots + Y_n$$

は正規分布に従う.

また (19.11) から $X(t_1), \cdots, X(t_n)$ の同時分布の特性関数は,

$$(20.10) \qquad \exp\left\{-\frac{1}{2}\sigma^2 \sum_{j,k=1}^{n} \min(t_j, t_k) u_j u_k\right\}$$

である.

正規過程の (q, m) 極限について,次のことが成り立つ.

定理 20.1. $\{X_h(t)\}$ が各 h に対して,正規過程で,

$$X_h(t) \to X(t) \quad (q, m) \qquad (h \to a)$$

ならば,$\{X(t)\}$ も正規過程で,$\{X_h{}^{(t)}\}$ の平均および共分散は,それぞれ $\{X(t)\}$ の平均および共分散に収束する.

証明. $X_h(t_1), \cdots, X_h(t_n)$ の同時分布の特性関数は,

$$\varphi_h(u_1, u_2, \cdots, u_n) = \exp\left\{i\sum m_j(h) u_j - \frac{1}{2}\sum_{j,k} K_{j,k}(h) u_j u_k\right\}.$$

ここで,

$$m_j(h) = E\{X_h(t_j)\}, \qquad K_{j,k}(h) = \mathrm{Cov}\{X_h(t_j), X_h(t_k)\},$$

$$(20.11) \qquad \begin{aligned}\varphi_h(u_1, u_2, \cdots, u_n) &\to \varphi(u_1, u_2, \cdots, u_n) \\ &= \exp\left\{i\sum_{j=1}^{n} m_j u_j - \frac{1}{2}\sum_{j,k} K_{j,k} u_j u_k\right\}\end{aligned}$$

がいえればよい.ここで,

$$m_j = E\{X(t_j)\}, \qquad K_{j,k} = \mathrm{Cov}\{X(t_j), X(t_k)\},$$

§ 20. 正 規 過 程

$$|E\{X_h(t_j)\} - E\{X(t_j)\}| \leq \sqrt{E\{|X_h(t_j) - X(t_j)|^2\}} \to 0 \qquad (h \to a).$$

また，定理 17.3 と同様にして(内積の連続性)，

$$E\{X_h(t_j)X_h(t_k)\} \to E\{X(t_j)X(t_k)\}.$$

したがって，(20.11) がいえたことになる．

この定理から，$\{X(t)\}$ が正規過程で，$X'(t)$，$\int_0^t X(\tau)d\tau$ (q, m) が存在するとき，これらはまた正規過程である．

いま $\Gamma(t, s)$ は $(t, s) \in T \times T$ で定義された正値関数とする．すなわち任意の $t_j \in T$ $(j=1, 2, \cdots, n)$ と任意の複素数 u_j $(j=1, 2, \cdots, n)$ に対して，

(20.12) $$\sum_{j,k} \Gamma(t_j, t_k) u_j \bar{u}_k \geq 0$$

とする(このとき $\Gamma(t, s) = \overline{\Gamma(s, t)}$ が成り立つ).

$\Gamma(t, s)$ が実数のときは，u_j として実数値をとり，関数

$$\varphi(u_1, \cdots, u_n) = \exp\left\{-\frac{1}{2} \sum \Gamma(t_j, t_k) u_j u_k\right\}$$

を考えると，これは (20.1)，(20.5) から平均 0，共分散行列が $[\Gamma(t_j, t_k)]$ の正規分布の特性関数である．したがって，平均 0，共分散関数 $\Gamma(t, s)$ なる正規過程 $\{X(t)\}$ が存在する．

$\Gamma(t, s)$ が複素数値をとるときは，

(20.13) $$u_j = \alpha_j - i\beta_j, \qquad \Gamma(t, s) = A(t, s) + iB(t, s)$$

とおく．ここで α, β, A, B は実数値である．

$$A(t, s) = A(s, t), \qquad B(t, s) = -B(s, t).$$

(20.13) を (20.12) に代入する．

(20.14) $$\sum_{j,k} A(t_j, t_k) \alpha_j \alpha_k + \sum_{j,k} A(t_j, t_k) \beta_j \beta_k + \sum [-B(t_j, t_k)] \alpha_j \beta_k$$
$$+ \sum_{j,k} B(t_j, t_k) \alpha_k \beta_j \geq 0.$$

(20.14) と実正規過程の存在から，

$$E\{X(t)\} = E\{Y(t)\} = 0,$$

(20.15) $$E\{X(t)X(s)\} = E\{Y(t)Y(s)\} = \frac{1}{2} A(t, s),$$

$$E\{X(t)Y(s)\} = -\frac{1}{2} B(t, s)$$

なる正規過程 $\{X(t)\}, \{Y(t)\}$ が存在する.

いま $Z(t)=X(t)+iY(t)$ とおくと,
$$E[Z(t)]=0,$$
$$E[Z(t)\bar{Z}(s)]=E[X(t)X(s)]+E\{Y(t)Y(s)\}-iE\{X(t)Y(s)\}$$
$$+iE\{Y(t)X(s)\}$$
$$=\frac{1}{2}A(t,s)+\frac{1}{2}A(t,s)+\frac{i}{2}B(t,s)-\frac{i}{2}B(s,t)$$
$$=A(t,s)+iB(t,s)=\Gamma(t,s).$$

共分散関数が $\Gamma(t,s)$ になる確率過程が得られた.

$\{Z(t)\}$ を複素正規過程という.

上のことから,任意の 2 次過程 $\{X(t)\}$ に対して共分散関数を同じくする複素正規過程が存在する.また任意の定常過程に対し,同じ相関関数をもつ強定常な正規過程が存在する.

O-U 過程

ウィーナー過程での $X(t)$ は,液体中を分子等の衝突によって不規則な運動(ブラウン運動)をしている粒子の時刻 t における x 座標と考えられている.(19.11) からわかるように,速度 dX/dt は存在しない.このウィーナー過程に対して,オルスタイン・ウーレンベックは,ブラウン運動の他のモデルとして,速度が存在する確率過程を考えた.

確率過程 $\{V(t), 0\leq t<\infty\}$ が正規過程で,

(20.16) $\quad E\{V(t)\}=m,$
$\quad\quad\quad\mathrm{Cov}\{V(t),V(s)\}=\sigma_0^2 e^{-\beta|t-s|} \quad (\sigma_0>0,\ \beta>0)$

が成り立つとき,$\{V(t)\}$ を O-U 過程という.

O-U 過程を特徴づける次の定理が成り立つ.

定理 20.2. 正規過程 $\{V(t)\}$ が平均連続な定常マルコフ過程ならば,$\{V(t)\}$ は O-U 過程であるか,または,任意の $t_1<t_2<\cdots<t_n$ に対して $V(t_1),\cdots,V(t_n)$ は独立である.

注. ここでの定常は,$E\{V(t)\}=m$ (定数),$E\{V(t)V(s)\}=R(t-s)$ の意味とする.なお,正規過程では,$V(t_1),\cdots,V(t_n)$ の結合分布は,平均と共分散で定まるから,弱定常と強定常は同値である.また無相関と独立も同値である.

§20. 正規過程

証明. $\qquad m = E\{V(t)\}, \qquad \sigma_0^2 = V\{V(t)\}$

とすると $\sigma_0^{-1}[V(t)-m]$ を考えることにより,平均 0 分散 1 と仮定してよい.
$s<t$ に対して,$V(t)$ と $V(s)$ の結合分布の密度関数は,

(20.17) $\quad (2\pi)^{-1}(1-\rho^2)^{-1/2}\exp\left\{-\dfrac{1}{2(1-\rho^2)}[v_1^2 - 2\rho v_1 v_2 + v_2^2]\right\}$

である.ここで

$$V_1 = V(t), \qquad V_2 = V(s), \qquad \rho = R(t-s).$$

したがって,$V(s) = v_2$ のときの $V(t)$ の条件付確率の確率密度は

(20.18) $\quad (2\pi)^{-1/2}(1-\rho^2)^{-1/2}\exp\left\{-\dfrac{1}{2(1-\rho^2)}[v_1 - \rho v_2]^2\right\}$

である.$t_1 < t_2 < \cdots < t_n$ に対して,$X(t_1), \cdots, X(t_n)$ の結合分布の密度関数は,マルコフ性から,

(20.19) $\quad (2\pi)^{-n/2}\left[\displaystyle\prod_{j=1}^{n-1}(1-\rho_j^2)\right]^{-1/2}\exp\left\{-\dfrac{v_1^2}{2} - \dfrac{1}{2}\sum_{j=1}^{n-1}\dfrac{(v_{j+1}-\rho_j v_j)^2}{1-\rho_j^2}\right\}.$

ここで,

$$\rho_j = R(t_{j+1} - t_j), \qquad v_j = v(t_j) \qquad (j=1, 2, \cdots, n).$$

$n=3$ のとき,

(20.20) $\quad K^{-1} = \begin{bmatrix} \dfrac{1}{1-\rho_1^2} & \dfrac{-\rho_1}{1-\rho_1^2} & 0 \\ \dfrac{-\rho_1}{1-\rho_1^2} & \dfrac{1-\rho_1^2\rho_2^2}{(1-\rho_1^2)(1-\rho_2^2)} & \dfrac{-\rho_2}{1-\rho_2^2} \\ 0 & \dfrac{-\rho_2}{1-\rho_2^2} & \dfrac{1}{1-\rho_2^2} \end{bmatrix},$

(20.21) $\quad |K^{-1}| = \{(1-\rho_1^2)(1-\rho_2^2)\}^{-1}$

であるから,

$$R(t_3 - t_1) = \rho_1 \rho_2.$$

すなわち,

(20.22) $\quad R(t_3 - t_1) = R(t_2 - t_1) R(t_3 - t_2).$

すなわち $R(t)$ は連続な偶関数で,$|R(t)| \leq 1$ かつ任意の s, t に対して,

(20.23) $\quad R(s+t) = R(t)R(s).$

したがって,$R(t) \equiv 0$ かまたは $R(t) = e^{-\beta|t|}$ $(\beta > 0)$ である.

$R(t) \equiv 0$ のときは,$X(t_1), \cdots, X(t_n)$ は独立な正規分布に従う $(t_j \neq t_k \ (j \neq k))$.
$R(t) = e^{-\beta |t|}$ のときは O-U 過程である.
注. 定理 20.1 の逆も成り立つが証明は略す.

さて,O-U 過程 $V(t)$ は平均連続であるから,

(20.24) $$X(t) = \int_0^t V(\tau) d\tau \quad (q, m)$$

が存在し,定理 20.1 の後の注意から $\{X(t)\}$ も正規過程である.

ところで,

(20.25) $$R(t) = e^{-\beta |t|} = \frac{1}{\pi} \int_{-\infty}^{\infty} e^{it\lambda} \frac{\beta}{\beta^2 + \lambda^2} d\lambda.$$

すなわち $V(t)$ のスペクトル分布関数 $F(\lambda)$ は絶対連続(したがってもちろん原点で連続)であるから,大数の法則

(20.26) $$\frac{1}{T} \int_0^T V(t) dt = \frac{X(T)}{T} \to E(V(t)) = m \quad (q, m) \quad (T \to \infty)$$

が成り立つ.

定理 20.2 のときと同様,$E\{V(t)\} = 0$,$E\{[V(t)]^2\} = 1$ と仮定すると,(17.29) および (17.32) から,

(20.27) $$E[X(t)] = 0.$$

$s < t$ のとき,

(20.28) $$\begin{aligned} E\{[X(t) - X(s)]^2\} &= \int_s^t \int_s^t \Gamma(t' - s') dt' ds' \\ &= \int_s^t \int_s^t e^{-\beta |t' - s'|} dt' ds' \\ &= \frac{2}{\beta^2} [e^{-\beta(t-s)} - 1 + \beta(t-s)]. \end{aligned}$$

また

(20.29) $$\begin{aligned} &E\{[X(t) - X(s)][V(t) - V(s)]\} \\ &= \int_s^t E\{V(t')[V(t) - V(s)]\} dt' \\ &= \int_s^t \{e^{-\beta(t-t')} - e^{-\beta(t'-s)}\} dt' = 0. \end{aligned}$$

さて,

(20.30) $$W(t) = \beta X(t) + V(t)$$

とおくと,

(20.31) $$W(t) - W(s) = \beta\{X(t) - X(s)\} + V(t) - V(s).$$

$t > s$ に対して, (20.27), (20.28), (20.29) から,

(20.32) $$E\{W(t) - W(s)\} = 0,$$
$$E\{[W(t) - W(s)]^2\} = 2\beta(t-s)$$

を得る.

また $t_1 < t_2 \leq t_3 < t_4$ に対して,

$$E\{[W(t_4) - W(t_3)][W(t_2) - W(t_1)]\}$$
$$= \beta^2 \int_{t_3}^{t_4} dt \int_{t_1}^{t_2} e^{-\beta(t-s)} ds + \beta \int_{t_3}^{t_4} [e^{-\beta(t-t_2)} - e^{-\beta(t-t_1)}] dt$$
$$+ \beta \int_{t_1}^{t_2} [e^{-\beta(t_4-t)} - e^{-\beta(t_3-t)}] dt + e^{-\beta(t_4-t_2)} - e^{-\beta(t_3-t_2)}$$
$$+ e^{-\beta(t_3-t_1)} - e^{-\beta(t_4-t_1)}.$$

積分を実行すれば, これが 0 になることがわかる.

以上のことから, $t_1 < t_2 < \cdots < t_n$ に対し,

$$W(t_2) - W(t_1), W(t_3) - W(t_2), \cdots, W(t_n) - (W_{n-1})$$

は独立で, 正規分布に従い, $W(t) - W(s)$ $(t > s)$ の平均は 0, 分散は $2\beta(t-s)$ である. すなわち $\{W(t) - W(0)\}$ はウィーナー過程である.

$t - s$ が非常に小さい場合を考える.

$$X'(t) = V(t) \quad (q, m)$$

であるから, (20.31) は

(20.33) $$dW(t) = \beta V(t) dt + dV(t)$$

と書ける. ここで形式的に両辺を dt で割ると

(20.34) $$\frac{dW(t)}{dt} = \beta V(t) + \frac{dV}{dt}.$$

この微分方程式を, **ランジュバン**の方程式という. これは確率の法則に従って運動する微粒子に, ニュートンの運動の法則を適用したもので, dV/dt, $V(t)$, dW/dt はそれぞれ, 加速度, 速度および分子の衝突等の偶然による外力を表わしている. $W(t)$ がウィーナー過程のとき dW/dt はホワイトノイズと呼ば

れている.

O-U 過程 $V(t)$ および，それから (20.30) により導かれたウィーナー過程 $W(t)$ ではともに dV/dt, dW/dt は存在しない．また，ウィーナー過程 $W(t)$ が与えられたものとして考える場合も dW/dt が存在しないので (20.34) はそのままでは認め難い．そこで，(20.34) は (20.33) の意味とし，これに正確な意味を与えなければならない．

いま，任意の有限区間 $[a, b]$ に対し，そこでの任意の連続関数 $f(t)$ について，

$$(20.35) \qquad \int_a^b f(t) dV(t) = -\beta \int_a^b f(t) V(t) dt + \int_a^b f(t) dW(t)$$

が成り立つとき，$V(t)$ を (20.34) の解であるということにする．ただし左辺の積分は (18.30) のようにリーマン和の極限 (q, m) で定義する．

O-U 過程 $V(t)$ から (20.30) で定義されるウィーナー過程 $W(t)$ を作ると，この $W(t)$ に対して，$V(t)$ は (20.34) の解となっている．それは，

$$\frac{X(t+h) - X(t)}{h} \to V(t) \quad (q, m)$$

が t に関して一様に成り立っていることから，

$$\sum_j f(\tau_j)[X(t_j) - X(t_j)] \quad \text{と} \quad \sum_j f(\tau_j) V(\tau_j)(t_j - t_{j-1})$$

の極限が一致して $\int_a^b f(t) V(t) dt$ となることと，

$$\sum_j f(\tau_j)[W(t_j) - W(t_{j-1})] = \beta \sum_j f(\tau_j)[V(t_j) - V(t_{j-1})]$$
$$+ \sum_j f(\tau_j)[X(t_j) - X(t_{j-1})]$$

から (20.35) が得られるからである．

さて，いま $V(t)$ が与えられた $W(t)$ に対する (20.34) の解とすると，区間 $[0, t]$ で $f(t) = e^{\beta t}$ とおくことにより

$$(20.36) \qquad \int_0^t e^{\beta \tau} dV(\tau) = -\beta \int_0^t e^{\beta \tau} V(\tau) d\tau + \int_0^t e^{\beta \tau} dW(\tau).$$

左記に対しては，部分積分が適用されるから(リーマン和で考えてみよ),

$$e^{\beta t} V(t) - V(0) = \int_0^t e^{\beta \tau} dW(\tau),$$

§20. 正規過程

すなわち,

(20.37) $$V(t) = V(0)e^{-\beta t} + e^{-\beta t}\int_0^t e^{\beta \tau}dW(\tau).$$

この解は (20.34) を普通の微分方程式として形式的に解いたものと一致する $\left(\dfrac{dW}{dt}dt\ \text{を}\ dW\ \text{になおす}\right)$.

初期条件にあたる $V(0)$ が,

(20.38) $$E\{V(0)\} = 0,\quad E\{V^2(0)\} = \frac{\sigma^2}{2\beta}(=\sigma_0{}^2)$$

なる正規分布に従い,さらに $\{W(t), 0 \leq t < \infty\}$ と独立のときは (20.37) で定義される $V(t)$ は O-U 過程である.ここで $\sigma^2 > 0$ は,$E\{[W(t)-W(s)]^2\} = \sigma^2|t-s|$ である.

なんとなれば,明らかに $V(t)$ は正規過程で,

(20.39) $$E[V(t)] = 0.$$

また,$t > s$ として,

(20.40) $$\begin{aligned}E[V(t)\cdot V(s)] &= \frac{\sigma^2}{2\beta}e^{-\beta(t+s)} + \sigma^2 e^{-\beta(t+s)}\cdot\frac{(e^{2\beta s}-1)}{2\beta}\\ &= \frac{\sigma^2}{2\beta}e^{-\beta(t-s)} = \sigma_0{}^2 e^{-\beta(t-s)}.\end{aligned}$$

すなわち (20.16) が得られた.

なお,(20.34) を一般にしたランジュバンの方程式

$$\frac{dV}{dt} = -\beta V(t) - \omega^2 X(t) + \frac{dW}{dt},\quad V(t) = \frac{dX}{dt},$$

(20.41) $$dV = -\beta V(t)dt - \omega^2 X(t)dt + dW \quad (\beta > 0,\ \omega > 0)$$

のときも,

(20.42) $$\frac{d^2 X}{dt^2} = -\beta\frac{dX}{dt} - \omega^2 X(t) + \frac{dW}{dt}$$

を形式的に解き,$X(t)$ を求め,$\dfrac{dW}{dt}dt$ を dW とすることにより,(20.41) を満たす正規過程が得られる.

問題 7

1. A を定数,ξ を特性関数 $\varphi(t)$ の実数値確率変数とするとき,$X(t)=Ae^{it\xi}$ の共分散関数を求めよ.

2. $\{N(t); 0\leq t\}$ をパラメター λ のポアッソン過程とするとき,$X(t)=N(t+L)-N(t)$ で定まる確率過程 $X(t)$ の $\text{Cov}\{X(t),X(s)\}$ を求めよ.ここで L は正の定数とする.

3. $E\{Y(n+l)\bar{Y}(l)\}=\begin{cases}1 & (n=0) \\ 0 & (n\neq 0)\end{cases}$ のとき,

$$X(n)=\frac{1}{\sqrt{m}}\{Y(n)+Y(n+1)+\cdots+Y(n+m-1)\} \quad (n=0,\pm 1,\pm 2,\cdots)$$

とおく.このとき,

$$E\{X(n+l)\bar{X}(l)\}=\begin{cases}\dfrac{m-|n|}{m} & (|n|\leq m), \\ 0 & (|n|>m)\end{cases}$$

が成り立つことを示せ.

4. $X(n)=\sum_{k=0}^{\infty}a^k\xi(n-k)$ の共分散関数を求めよ.ここで,$a,\xi(n)$ は実数値で,$|a|<1$,$E\{\xi(n)\}=0$,$E\{\xi(n)\xi(m)\}=\delta_{m,n}$ とする.

5. $X(t)=\cos(\omega t+W(t))$ の共分散関数を求めよ.ここで,ω は正の定数で,$W(t)$ はパラメター σ^2 のウィーナー過程とする.

6. $\{X(t)\}$ が微分可能 (q,m) のとき $E\{X(t)\}=m(t)$ は,微分可能で $m'(t)=E\{X'(t)\}$ であることを示せ.

7. $\{X(t)\}$ を平均連続な確率過程とし,$Y(t)=\int_0^t X(\tau)d\tau$ とおくと,$Y'(t)=X(t)$ (q,m) であることを示せ.

8. $\{X(t)\}$ を平均連続な確率過程とし,

$$Y(t)=\frac{1}{L}\int_t^{t+L}X(s)ds$$

とおく(L は正の定数).$\text{Cov}\{X(t),X(s)\}=\sigma^2\min(s,t)$ $(\sigma>0)$ のとき $\text{Cov}\{Y(t),Y(s)\}$ を求めよ.

9. 平均連続な定常過程 $\{X(t)\}$ のスペクトル分布関数を $F(\lambda)$ とする.

$$\int_{-\infty}^{\infty}\lambda^{2n}dF(\lambda)<\infty$$

のとき,$X^{(n)}(t)$ が存在することを示せ.また,このとき

$$E\{X^{(n)}(t+s)\bar{X}^{(n)}(s)\}=\int_{-\infty}^{\infty}e^{it\lambda}\lambda^{2n}dF(\lambda)$$

が成り立つことを示せ.

10. $\{X(t)\}$ を平均連続な定常過程とするとき,

$$\frac{1}{2\pi}\int_{-T}^{T}\frac{e^{-it\lambda}-1}{-it}X(t)dt\to Z(\lambda) \quad (q,m) \quad (T\to\infty)$$

が存在することを証明せよ.

11. $\{X(t)\}$ を平均連続な定常過程とし，そのスペクトル表現を，
$$X(t) = \int_{-\infty}^{\infty} e^{it\lambda} dZ(\lambda)$$
とするとき,
$$\int_{0}^{\infty} e^{-\alpha\tau} X(t-\tau) d\tau = \int_{-\infty}^{\infty} \frac{e^{it\lambda}}{\alpha + i\lambda} dZ(\lambda)$$
が成り立つことを示せ $(\alpha > 0)$.

12. $\{X(t)\}$ および $\{Y_s(t) = X(t-s)\bar{X}(t)\}$ が共に平均連続な定常過程とするとき，
$$\frac{1}{T}\int_{0}^{T} |R(t)|^2 dt \to 0 \quad (T \to \infty)$$
ならば,
$$\frac{1}{T}\int_{0}^{T} X(t+s)\bar{X}(t) dt \to R(s) \quad (q, m) \quad (T \to \infty)$$
が成り立つことを証明せよ.

13. $\{X(t)\}$ を平均 0，共分散 $\Gamma(t, s)$ の実正規過程とするとき，
$$\text{Var}\{X^2(t)\} = 2\{\Gamma(t, t)\}^2,$$
$$\text{Cov}\{X(s)X(s+h), X(t)X(t+h)\} = \Gamma(s, t)\Gamma(s+h, t+h) + \Gamma(s, t+h)\Gamma(s+h, t)$$
が成り立つことを証明せよ.

14. 定常過程 $\{X(t)\}$ が,
$$X''(t) + 2\beta X'(t) + \omega^2 X(t) = \eta(t)$$
を満たし, $\eta(t)$ のスペクトル分布関数の密度関数が λ のある区間で一定値 A に等しいとき，この区間での $X(t)$ のスペクトル分布関数の密度関数を求めよ.

15. 問題 14 の微分方程式において, $\omega^2 - \beta^2 = \alpha^2 > 0$, $\eta(t) = \dfrac{dW}{dt}$ ($\{W(t)\}$ はウィーナー過程)とするとき,
$$X(t) = \frac{1}{\alpha}\int_{-\infty}^{t} e^{-\beta(t-s)} \sin\alpha(t-s) dW(s)$$
は，上の微分方程式を満たす定常過程であることを示せ.

問 題 の 答

問題 1. (pp. 15〜17)

1. 2項分布　　　$M(s) = (ps+q)^n$, $E(X) = np$, $V(X) = npq$,
   ポアッソン分布　$M(s) = e^{\lambda(s-1)}$, $E(X) = \lambda$, $V(X) = \lambda$,
   パスカル分布　　$M(s) = p^\alpha (1-qs)^{-\alpha}$, $E(X) = \dfrac{\alpha q}{p}$, $V(X) = \dfrac{\alpha q}{p^2}$
   $\left(|s| < \dfrac{1}{q}\right).$

2. $E(s_n) = \dfrac{nq}{p}$,　$V(s_n) = \dfrac{nq}{p^2}$.

3. パラメター $(\lambda_1 + \lambda_2)$ のポアッソン分布, $p = \dfrac{\lambda_1}{\lambda_1 + \lambda_2}$ の2項分布.

6. $\lambda^\alpha (\lambda - it)^{-\alpha}$,　$E(X) = \dfrac{\alpha}{\lambda}$,　$V(X) = \dfrac{\alpha}{\lambda^2}$.

7. パラメター λ, $\alpha = n$ の Γ-分布.

8. $E(X) = \varphi'(1)$,　$V(X) = \varphi''(1) - \{\varphi'(1)\}^2$.

10. 逆は必ずしも成り立たない.

11. $\Pr\{X_1 = x_1, X_2 = x_2\} = e^{-p_1\lambda} \dfrac{(p_1\lambda)^{x_1}}{x_1!} \cdot e^{-p_2\lambda} \dfrac{(p_2\lambda)^{x_2}}{x_2!}$.

14. $(2\pi)^{-3/2} (t_1(t_2-t_1)(t_3-t_2)B^3)^{-1/2} \exp\left\{-\dfrac{1}{2B}\left(\dfrac{x_1^2}{t_1} + \dfrac{(x_2-x_1)^2}{t_2-t_1} + \dfrac{(x_3-x_2)^2}{t_3-t_2}\right)\right\}$.
    平均値 $\dfrac{(t_3-t_2)x_1 + (t_2-t_1)x_3}{t_3-t_1}$,　分散 $\dfrac{(t_2-t_1)(t_3-t_2)}{t_3-t_1}$ の正規分布.

18. $\mathrm{Cov}(X(t), X(s)) = \cos(t-s)\theta$,
    $\Pr\left\{\displaystyle\int_0^{2\pi/\theta} X^2(t)\,dt > c\right\} = e^{-c\theta/2\pi}$.

問題 2. (pp. 65〜69)

1. (i)　$P_{i,j} = \begin{cases} p & (j = i+1) \\ q & (j = i-1) \\ 0 & (|j-i| \neq 1) \end{cases}$　$(i = 0, \pm 1, \pm 2, \cdots)$.

   (ii)　$P_{i,j} = \begin{cases} 2i(N-i)/N^2 & (j=i) \\ i^2/N^2 & (j=i-1) \\ (N-i)^2/N^2 & (j=i+1) \end{cases}$　$(i = 1, 2, \cdots, (N-1))$.

   $P_{0,1} = 1$,　$P_{N,N-1} = 1$.

2. (i)　既約 (正).
   (ii)　既約 (正).
   (iii)　$\{0, 2\}$ (再帰的), $\{1\}$ (一時的), $\{3, 4\}$ (再帰的).

問題 の 答   193

20. $E(W_k) = \begin{cases} \dfrac{k}{q-p} - \dfrac{a}{q-p}\dfrac{1-(q/p)^k}{1-(q/p)^a} & (p \neq q), \\ k(a-k)/2p & (p=q), \end{cases}$

$\lim_{a \to \infty} E(W_k) = \begin{cases} \dfrac{k}{q-p} & (q > p), \\ \infty & (q \leq p). \end{cases}$

23. (i) $\{1\}$, $\{2\}$ ともに吸収状態, $\{3,4,5,6\}$ (一時的).
   (ii) $\{0,1,2\}$ (正), $\{3,4,5,6\}$ (一時的).

24. (i) 正, 定常分布 $\pi_i = \dfrac{1}{(i+1)!(e-1)}$ $(i=0,1,2,\cdots)$.
   (ii) 一時的.

問題 4. (pp. 117〜119)

5. $m(t) = ie^{\lambda t}$, $V(X(t)) = ie^{\lambda t}(e^{\lambda t} - 1)$.

7. $P_0(t) = (1+\alpha\lambda t)^{-1/\alpha}$,

$P_j(t) = \dfrac{(1+\alpha)(1+2\alpha)\cdots\{1+(j-1)\alpha\}}{j!}(\lambda t)^j(1+\alpha\lambda t)^{-j-1/\alpha}$.

8. ポアッソン過程の確率分布

$$P_0(t) = e^{-\lambda t}, \qquad P_j(t) = e^{-\lambda t}\dfrac{(\lambda t)^j}{j!}.$$

ユール・ファーリ過程の確率分布

$$P_j(\tau) = e^{-\lambda\tau}(1-e^{-\lambda\tau})^{j-1}.$$

9. $P_{i,j}(t) = \begin{cases} \sum_{\nu=i}^{j} A_{i,j}(\nu) e^{-\lambda_\nu t} & (j \geq i), \\ 0 & (j < i). \end{cases}$

ここで,

$$A_{i,j}(\nu) = \dfrac{\lambda_i \lambda_{i+1} \cdots \lambda_{j-1}}{(\lambda_i - \lambda_\nu)\cdots(\lambda_{\nu-1}-\lambda_\nu)(\lambda_{\nu+1}-\lambda_\nu)\cdots(\lambda_j - \lambda_\nu)}.$$

13. $p_j = \begin{cases} \dfrac{1}{j!}\left(\dfrac{S\lambda}{\lambda}\right)^j p_0 & (1 \leq j \leq N-S), \\ \dfrac{1}{j!(N-S)!}\left(\dfrac{\lambda}{\mu}\right)^j S^{N-S}\cdot S!\cdot p_0 & (N-S+1 \leq j \leq N). \end{cases}$

p_0 は $\sum_{j=0}^{N} p_j = 1$ から定める.

15. $\Pr\{X(t) \leq x | X(0) = 0\} = \begin{cases} \sum_{n=0}^{\infty} e^{-\lambda t}\dfrac{(\lambda t)^n}{n!} B_n(x) & (x \geq 0), \\ 0 & (x < 0). \end{cases}$

ここで, $B_n(x)$ は $B(x)$ の n 回のたたみこみ.

問題 5. (pp. 142〜144)

1. $K(x) = 1 - e^{-\lambda x}$.

2. $F(t)=1-e^{-\lambda t}$.

4. $\Pr\{y(t)\leq x\}=1-e^{-\lambda x}$.

14. 一時的 $\left(\sum_{n=1}^{\infty}f_{j,j}(n)<1\right)$ のとき $\lim_{n\to\infty}P_{j,j}(n)=0$,

再帰的 $\left(\sum_{n=1}^{\infty}f_{j,j}(n)=1\right)$ のとき:

非周期的なら $\lim_{n\to\infty}P_{j,j}(n)=\dfrac{1}{\mu}$

周期 d なら $\lim_{n\to\infty}P_{j,j}(n)=\dfrac{d}{\mu}$ $\left(\mu=\sum_{n=1}^{\infty}nf_{j,j}(n)\leq\infty\right)$.

ただし $\mu=\infty$ のとき,右辺は 0 とする. $(f_{j,j}(n)\leftrightarrow f_n,\ P_{j,j}(n)\leftrightarrow u_n.)$

問題 6. (pp. 158〜159)

3. $\dfrac{\partial F}{\partial t}=\dfrac{1}{2}\{\Phi'(x)\}^2 a(x)\dfrac{\partial^2 F}{\partial x^2}+\left\{\Phi'(x)b(x)+\dfrac{1}{2}\Phi''(x)a(x)\right\}\dfrac{\partial F}{\partial x}$.

問題 7. (pp. 190〜191)

1. $|A|^2\varphi(t)$.

2. $\mathrm{Cov}\{X(t),X(s)\}=\begin{cases}\lambda(L-|t-s|) & (|t-s|\leq L), \\ 0 & (|t-s|>L).\end{cases}$

4. $\dfrac{a^{|m-n|}}{1-a^2}$.

5. $e^{-\frac{(t+s)}{2}\sigma^2}\{\cos\omega t\cos\omega s\cosh(\min(s,t)\sigma^2)+\sin\omega t\sin\omega s\sinh(\min(s,t)\sigma^2)\}$.

8. $\mathrm{Cov}\{X(t),Y(s)\}=\begin{cases}\left\{\dfrac{L}{2}+\min(t,s)-\dfrac{L}{6}\left(1-\dfrac{|t-s|}{L}\right)^3\right\}\sigma^2 & (|t-s|\leq L), \\ \left\{\dfrac{L}{2}+\min(t,s)\right\}\sigma^2 & (|t-s|>L).\end{cases}$

14. $\dfrac{A}{|-\lambda^2+2i\beta\lambda+\omega^2|^2}$.

参　考　書

[1]　赤　摂也「確率論入門」(培風館，新数学シリーズ 14)
[2]　河田竜夫「確率と統計」(朝倉書店，朝倉数学構座 17)
[3]　河田竜夫「確率と統計演習」(朝倉書店，朝倉数学講座 18)
[4]　国沢清典「近代確率論」(岩波書店，岩波全書)
[5]　W. フェラー (河田竜夫監訳)「確率論とその応用」(紀伊国屋書店，現代経営科学全集)
[6]　伊藤　清「確率論」(岩波書店，現代数学)
[7]　E. Parzen : Stochastic Processes (Holden-Day) (1962)
[8]　N. U. Prabhu : Stochastic Processes, Basic Theory and its Application (Macmillan) (1965)
[9]　W. Feller : An Introduction to Probability Theory and its Applications, Vol. II (Wiley) (1966)
[10]　S. Karlin : A First Course in Stochastic Processes (Academic Press) (1966)
[11]　A. T. Bharucha-Reid : Elements of the Theory of Markov Processes and their Applications (McGraw-Hill) (1960)
[12]　M. S. Bartlett : An Introduction to Stochastic Processes (Cambridge University Press) (1955)
[13]　J. Neveu : Mathematical Foundations of the Calculus of Probability (Holden-Day) (1965)
[14]　J. L. Doob : Stochastic Processes (Wiley) (1953)
[15]　M. Loéve : Probability Theory (Van Nostrand) (1963)

　　[5]，[7]，[8]，[9]，[10] は本書の編さんに参考にしたもの．
　　[6]，[13]，[14]，[15] は理論的専門書である．特殊の確率過程に関する理論的専門書は省略した．

索　引

1次元ランダム・ウォーク　21
一時的(transient, non-reccurent)　28
移動平均　177, 178
ウィーナー(wiener)過程　8, 150, 156, 174
$X(t)$の微分可能性　163
エルゴード的　42
O-U 過程　184

拡散の方程式　149
拡張されたポアッソン過程　114
確率変数　1
確率密度　1
可能な値　73
加法過程　13
ガンマ分布　6
基本格子　128
吸収確率　44, 49
吸収的　25
吸収壁　22
(強)大数の法則　7
共分散関数　160
結合分布関数　2
ケルビンの鏡像の原理　154
格子型　128
コルモゴロフ(Kolmogorov)の微分方程式　92
コルモゴロフの後向きの微分方程式　94, 148
コルモゴロフの前向きの微分方程式　94

再帰事象　135
再帰的(recorrent, persistent)　28
再帰的な値　73
最小解　100

最小通過時間　152
再生関数　120, 123
再生定理　128
再生方程式　39, 123
再生理論　120
3次元対称ランダム・ウォーク　36
時間的に一様　14
(自己)相関関数　166
実現　8
(弱)大数の法則　7
(弱)定常過程　166
周辺分布関数　2
出生死滅過程　109
純死滅過程　119
純出生過程　105
条件付確率　3
条件付分布　2
条件付分布関数　3
条件付平均値　3
状態の周期　33
消滅の確率　83
推移確率　14
推移確率行列　18
スペクトル　177
スペクトル測度　173
正規過程　180, 182
正規分布　6
制限のない1次元ランダム・ウォーク　34
成功の連　37
積率母関数　5
0-1 法則　73
線型出生過程　105
線型出生死滅過程　110
相関関数　15

索引

大数の法則　169
多項分布　6
多次元正規分布　6
多重正規分布　180
中央値(median)　1
中心極限定理　7
中心積率　1
直交増分をもつ確率過程　170
定常過程　14
定常なマルコフ過程　14
定常分布　44
到達可能　24
特性関数　3
独立　2
独立な確率変数の和　70
閉じている　25

2項分布　5
2次過程　160
2次元の対称なランダム・ウォーク　35
2次の一般微分係数　163
2重確率行列　67

破産の問題　51, 52
パスカル分布　5
反射壁　22
　　──をもつランダム・ウォーク　63
非周期的　33
標本関数　8
フェラー・アレイ過程　110
フォッカー・プランクの方程式　149
複合ポアッソン過程　115
負の2項分布　5

不連続なマルコフ過程　92
分散　1
分枝過程　24
分布関数　1
平均吸収時間　67
平均収束　161
平均値　1
平均連続　162
ポアッソン(Poisson)過程　9, 103, 175
　　拡張された──　114
ポアッソン分布　5
母関数　4
ポリア過程　118
ボレル・カンテリ(Borel-Cantelli)の定理　7

マルコフ過程　14
マルコフ連鎖　18
マルチンゲール　14

有限マルコフ連鎖　33
ユール・ファーリ過程　106

ランジュバンの方程式　187
ランダム・ウォーク　63
　　反射壁をもつ──　63
離散的　1
離散的スペクトルをもつ定常過程　177
離散的分枝過程　80

Yが与えられたときのXの条件付平均値　3
ワルドの関係式　79

近代数学講座 9
　確　率　論　　　　　　　　　　　　定価はカバーに表示

1968 年 11 月 30 日　初版第 1 刷
2004 年 3 月 15 日　復刊第 1 刷

著　者　魚　返　　　正
　　　　　　うがえり　　ただし

発行者　朝　倉　邦　造

発行所　株式会社　朝　倉　書　店
　　　　東京都新宿区新小川町6-29
　　　　郵便番号　162-8707
　　　　電　話　03(3260)0141
　　　　FAX　03(3260)0180
　　　　http://www.asakura.co.jp

〈検印省略〉

© 1968〈無断複写・転載を禁ず〉　　　中央印刷・渡辺製本

ISBN 4-254-11659-4　C 3341　　　　　Printed in Japan

前東工大 志賀浩二著 数学30講シリーズ1 **微　分・積　分　30　講** 11476-1　C3341　　A5判　208頁　本体3200円	〔内容〕数直線／関数とグラフ／有理関数と簡単な無理関数の微分／三角関数／指数関数／対数関数／合成関数の微分と逆関数の微分／不定積分／定積分／円の面積と球の体積／極限について／平均値の定理／テイラー展開／ウォリスの公式／他
前東工大 志賀浩二著 数学30講シリーズ2 **線　形　代　数　30　講** 11477-X　C3341　　A5判　216頁　本体3200円	〔内容〕ツル・カメ算と連立方程式／方程式，関数，写像／2次元の数ベクトル空間／線形写像と行列／ベクトル空間／基底と次元／正則行列と基底変換／正則行列と基本行列／行列式の性質／基底変換から固有値問題へ／固有値と固有ベクトル／他
前東工大 志賀浩二著 数学30講シリーズ3 **集　合　へ　の　30　講** 11478-8　C3341　　A5判　196頁　本体3200円	〔内容〕身近なところにある集合／集合に関する基本概念／可算集合／実数の集合／写像／濃度／連続体の濃度をもつ集合／順序集合／整列集合／順序数／比較可能定理，整列可能定理／選択公理のヴァリエーション／連続体仮設／カントル／他
前東工大 志賀浩二著 数学30講シリーズ4 **位　相　へ　の　30　講** 11479-6　C3341　　A5判　228頁　本体3200円	〔内容〕遠さ，近さと数直線／集積点／連続性／距離空間／点列の収束，開集合，閉集合／近傍と閉包／連続写像／同相写像／連結空間／ベールの性質／完備化／位相空間／コンパクト空間／分離公理／ウリゾーン定理／位相空間から距離空間／他
前東工大 志賀浩二著 数学30講シリーズ5 **解　析　入　門　30　講** 11480-X　C3341　　A5判　260頁　本体3200円	〔内容〕数直線の生い立ち／実数の連続性／関数の極限値／微分と導関数／テイラー展開／ベキ級数／不定積分から微分方程式へ／線形微分方程式／面積／定積分／指数関数再考／2変数関数の微分可能性／逆写像定理／2変数関数の積分／他
前東工大 志賀浩二著 数学30講シリーズ6 **複　素　数　　　30　講** 11481-8　C3341　　A5判　232頁　本体3200円	〔内容〕負数と虚数の誕生まで／向きを変えることと回転／複素数の定義／複素数と図形／リーマン球面／複素関数の微分／正則関数と等角性／ベキ級数と正則関数／複素積分と正則性／コーシーの積分定理／一致の定理／孤立特異点／留数／他
前東工大 志賀浩二著 数学30講シリーズ7 **ベクトル解析 30 講** 11482-6　C3341　　A5判　244頁　本体3200円	〔内容〕ベクトルとは／ベクトル空間／双対ベクトル空間／双線形関数／テンソル代数／外積代数の構造／計量をもつベクトル空間／基底の変換／グリーンの公式と微分形式／外微分の不変性／ガウスの定理／ストークスの定理／リーマン計量／他
前東工大 志賀浩二著 数学30講シリーズ8 **群　論　へ　の　30　講** 11483-4　C3341　　A5判　244頁　本体3200円	〔内容〕シンメトリーと群／群の定義／群に関する基本的な概念／対称群と交代群／正多面体群／部分群による類別／巡回群／整数と群／群と変換／軌道／正規部分群／アーベル群／自由群／有限的に表示される群／位相群／不変測度／群環／他
前東工大 志賀浩二著 数学30講シリーズ9 **ル　ベ　ー　グ積分 30 講** 11484-2　C3341　　A5判　256頁　本体3200円	〔内容〕広がっていく極限／数直線上の長さ／ふつうの面積概念／ルベーグ測度／可測集合／カラテオドリの構想／測度空間／リーマン積分／ルベーグ積分へ向けて／可測関数の積分／可積分関数の作る空間／ヴィタリの被覆定理／フビニ定理／他
前東工大 志賀浩二著 数学30講シリーズ10 **固　有　値　問　題　30　講** 11485-0　C3341　　A5判　260頁　本体3200円	〔内容〕平面上の線形写像／隠れているベクトルを求めて／線形写像と行列／固有空間／正規直交基底／エルミート作用素／積分方程式／フレードホルムの理論／ヒルベルト空間／閉部分空間／完全連続な作用素／スペクトル／非有界作用素／他

上記価格（税別）は2004年2月現在